国家自然科学基金面上项目(编号:41902113)
地质资源与地质工程学科建设项目

豫西地区寒武系遗迹化石及其组合特征

李 妲 齐永安◎著

中国矿业大学出版社
·徐州·

内 容 提 要

《豫西地区寒武系遗迹化石及其组合特征》一书主要从遗迹学的角度对豫西地区寒武系发育的丰富遗迹化石及其组合特征进行了较为详尽的介绍，并在此基础上建立了寒武系营养网，旨在为从事遗迹学及相关研究方向的师生提供一些可参考的基础数据和资料。

本书可供地质学、遗迹学、沉积学等研究方向的相关人员参考使用。

图书在版编目(CIP)数据

豫西地区寒武系遗迹化石及其组合特征/李姐,齐永安著．—徐州：中国矿业大学出版社,2022.12
 ISBN 978-7-5646-5499-3

Ⅰ．①豫… Ⅱ．①李… ②齐… Ⅲ．①豫西地区—寒武纪—痕迹化石—研究 Ⅳ．①Q911.28

中国版本图书馆 CIP 数据核字(2022)第 134964 号

书 名	豫西地区寒武系遗迹化石及其组合特征
著 者	李 姐 齐永安
责任编辑	潘俊成
出版发行	中国矿业大学出版社有限责任公司
	（江苏省徐州市解放南路 邮编 221008）
营销热线	(0516)83884103 83885105
出版服务	(0516)83995789 83884920
网 址	http://www.cumtp.com E-mail：cumtpvip@cumtp.com
印 刷	徐州中矿大印发科技有限公司
开 本	787 mm×1092 mm 1/16 印张 10 字数 180 千字
版次印次	2022 年 12 月第 1 版 2022 年 12 月第 1 次印刷
定 价	50.00 元

（图书出现印装质量问题，本社负责调换）

前　言

本书编写得到了河南理工大学资源环境学院的大力支持，是在地质资源与地质工程重点学科和国家自然科学基金面上项目（41902113）的资助下完成的。本书是笔者及其团队2011年以来在对豫西渑池、鲁山、登封等地区寒武系馒头组良好露头中发育的丰富遗迹化石进行实地考察和研究基础上取得的研究成果。

在考察和研究工作中，笔者主要研究了豫西寒武系馒头组遗迹化石的组成、形态特征、造迹过程、遗迹组构类型及成因、阶层类型、底质特征以及遗迹化石所反映的营养网特征。本书主要取得了以下5个方面的成果：① 在豫西馒头组识别出遗迹化石21属29种，其中包括7个未定种。② 建立了10种遗迹组构。其中，碳酸盐岩中发育的遗迹组构有6种，包括开阔台地潮下低能环境的 *Thalassinoides* 遗迹组构和 *Thalassinoides*-凝块岩共生遗迹组构；高能开阔台地鲕粒滩环境中的 *Planolites* 遗迹组构和 *Planolites*-大型叠层石遗迹组构；高能滨岸浅滩环境中的 *Skolithos*-叠层石遗迹组构和 *Skolithos-Arenicolites* 遗迹组构。另外，碎屑岩中发育的遗迹组构有4种，包括潮间带上部砂泥坪环境中的 *Beaconites* 遗迹组构、*Beaconichnus-Diplichnites* 遗迹组构，潮间带下部泥砂坪环境中的 *Cruziana-Rusophycus* 遗迹组构和 *Scolicia* 遗迹组构。③ 豫西寒武系馒头组遗迹化石整体阶层类型较为简单，根据遗迹化石的垂向扰动深度、造迹生物营养类型及其沉积环境，可将遗迹化石分为浅阶层类型、中阶层类型和深阶层类型。④ 结合固底遗迹化石的保存特征，在豫西寒武系馒头组碎屑岩中识别出固底控制的遗迹化石16属21种。⑤ 在豫西寒武系馒头组所发现的遗迹化石分析基础上,建立了豫西寒武系馒头组潮下带及潮间带营养网,直观显示了豫西寒武系馒头组遗迹群落之间的捕食关系。海洋生物在潮间带的殖居,反映了寒武纪潮间带环境是极适宜三叶虫等节肢动物繁殖及生活的场所,再加上高能鲕粒浅滩及高能滨岸浅滩中大量深阶层遗迹化石的出现,从而显示了寒武纪馒头期底栖生物探求更广阔生态空间的趋势。

豫西地区寒武系馒头组遗迹化石异常丰富,本书由河南理工大学教师编写,全书由李妲、齐永安统一修改和统稿。本书是河南理工大学遗迹学团队部分成员长期研究的成果,但是对遗迹组构的研究工作仍任重道远。豫西地区遗迹组构研究成果仅是初步的学术探讨,可作为抛砖引玉的参考资料。

由于编写人员水平所限,书中难免有瑕疵和不成熟的地方,恳请读者批评指正。

著 者

2022 年 5 月

目　录

1 绪论 ·· 1
　1.1　概念 ·· 1
　1.2　遗迹群落和遗迹组构 ·· 1
　1.3　遗迹化石与底质的作用关系 ·· 5
　1.4　研究现状 ·· 6
　1.5　遗迹化石 ·· 7
　　1.5.1　新元古界末期遗迹化石 ·· 7
　　1.5.2　寒武纪早期遗迹化石 ·· 7
　　1.5.3　寒武纪中晚期遗迹化石 ·· 10

2 渑池地区遗迹化石 ·· 11
　2.1　区域地质 ·· 11
　2.2　沉积特征与沉积相 ·· 17
　　2.2.1　发育潮坪的碎屑岩沉积模式 ·· 17
　　2.2.2　碳酸盐台地沉积模式 ·· 18
　2.3　遗迹化石 ·· 21
　2.4　遗迹组构 ·· 28
　　2.4.1　*Thalassinoides* 遗迹组构 ·· 28
　　2.4.2　*Planolites*-大型叠层石遗迹组构 ·· 30
　　2.4.3　鲕粒灰岩中的 *Planolites* 遗迹组构 ·· 34

3 鲁山地区遗迹化石 ·· 44
　3.1　区域地质 ·· 44
　3.2　遗迹化石 ·· 47
　3.3　遗迹组构 ·· 52
　　3.3.1　*Beaconites* 遗迹组构 ·· 52
　　3.3.2　*Beaconichnus-Diplichnites* 遗迹组构 ······································ 54

3.3.3 *Scolicia-Gordia* 遗迹组构 ……………………………………………… 60

4 登封地区遗迹化石 …………………………………………………………… 62
4.1 区域地质 ………………………………………………………………… 62
4.2 遗迹化石 ………………………………………………………………… 68
4.3 遗迹组构 ………………………………………………………………… 77
4.3.1 *Skolithos*-叠层石遗迹组构 ……………………………………… 77
4.3.2 *Skolithos-Arenicolites* 遗迹组构 ………………………………… 79
4.3.3 泥质充填的水平 *Thalassinoides*-凝块岩遗迹组构 ……………… 86
4.3.4 *Cruziana-Rusophycus* 遗迹组构 ………………………………… 90

5 遗迹组构阶层及底质特征 …………………………………………………… 93
5.1 浅阶层类型 ……………………………………………………………… 93
5.2 中阶层类型 ……………………………………………………………… 94
5.3 深阶层类型 ……………………………………………………………… 97
5.3.1 *Skolithos* 遗迹组构 ……………………………………………… 97
5.3.2 *Scolicia* 遗迹组构 ………………………………………………… 97
5.3.3 *Planolites* 遗迹组构 ……………………………………………… 97
5.3.4 *P. montanus* 遗迹化石阶层深度讨论 …………………………… 101
5.4 豫西寒武系馒头组遗迹化石阶层构造模式图 ………………………… 102
5.5 固底底质的控制因素 …………………………………………………… 104
5.6 遗迹化石底质固结程度的鉴别方式 …………………………………… 105
5.7 豫西寒武系馒头组碎屑岩中的固底遗迹化石 ………………………… 108
5.8 豫西寒武系馒头组遗迹化石及底质相互关系 ………………………… 112
5.9 豫西寒武系馒头组碳酸盐岩中的固底遗迹化石 ……………………… 113

6 基于遗迹化石的豫西寒武系馒头组营养网特征 …………………………… 116
6.1 潮下带营养网特征 ……………………………………………………… 117
6.2 潮间带营养网特征 ……………………………………………………… 122

参考文献 …………………………………………………………………………… 125

1 绪　　论

1.1 概　　念

化石是保存在岩层中地质历史时期的生物遗体、生物活动痕迹及生物成因的残留有机物分子。化石区别于一般岩石之处在于它与古代生物相联系,具有生物特征,如形状、结构、纹饰、有机化学组分等,或者具有生命活动信息,如生物遗迹、遗物、工具等。化石又可以分为实体化石和遗迹化石。实体化石是古生物遗体本身的全部或部分(特别是硬体部分)保存下来而形成的化石。遗迹化石是指地质历史时期的生物遗留在沉积物表面或沉积物内部的可表征各种生命活动的形迹构造保存下来而形成的化石。

遗迹学亦称痕迹学,它的英文名为 Ichnology,原名由古希腊文 iknos(意指 trace 或 track,即痕迹或足迹)和 logos(意指 word 或 study,即学科)复合而成。它研究的是现代和古代生物生活时遗留下来的活动痕迹。

广义来讲,遗迹学的研究对象包括两个方面:

一方面是研究现代生物活动的痕迹,即通过对现代各类生物的造迹活动进行详细的观察和描述,了解各类造迹生物的活动规律、痕迹特点、分布特征及其与沉积底层的关系,进而分析受控的环境因素;另一方面是研究古代生物活动遗留的痕迹,即遗迹化石(trace fossils),亦称痕迹化石,它是古代生物在底层内或底层层面上进行各种生命活动所留下的痕迹被沉积物充填、埋藏后,再经后期成岩的石化作用而形成的。前者的研究旨在说明后者的生成规律及环境意义。

1.2 遗迹群落和遗迹组构

遗迹群落是指在一定环境条件下共生在一起的各种生物痕迹的总称,代表一种特定底栖生物群落的活动产物。

遗迹组构是指沉积物(岩石)中生物扰动和生物侵蚀作用所遗留下来的总

体结构和内部构造特征,是各期扰动生物在沉积物中活动历史的最终记录。它是物理过程和生物过程相互作用的产物,主要研究遗迹化石埋藏特征、生物扰动等级(图1-1)(表1-1)、殖居方式、阶梯类型、遗迹组构类型。

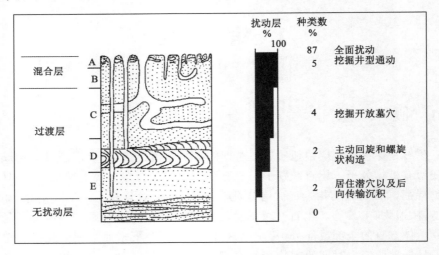

图1-1 生物扰动等级

表1-1 生物扰动等级

扰动等级	扰动量/%	描述
0	0	无生物扰动
1	1~5	零星生物扰动,极少清晰的遗迹化石和逃逸构造
2	5~30	生物扰动程度较低,层理清晰,遗迹化石密度小,逃逸构造常见
3	31~60	生物扰动程度中等,层理界限清晰,遗迹化石轮廓清楚,叠复现象不常见
4	61~90	生物扰动程度高,层理界面不清,遗迹化石密度大,有叠复现象
5	91~99	生物扰动程度高,层理彻底破坏,但沉积物再改造程度较低,后形成的遗迹形态清晰
6	100	沉积物彻底受到扰动并因反复扰动而受到普遍改造

(1) 生物活动底层的类型

古代生物活动的底层(substrata/substratum)类型常见的有7种。

① 硬底(hard/rocky ground),指胶结成岩的岩石质底层或完全硬化的(fully indurated)底层。

② 固底(firm ground),指固结但未胶结的沉积物底层。

③ 僵底(stiff ground),指硬但没有完全固结的底层。
④ 软底(soft ground),指松软尚未固结的砂或砂泥质沉积物底层。
⑤ 汤底(soup ground),指被水浸成泥浆状或淤泥状的沉积物底层。
⑥ 壳底(shell ground),指由生物介壳堆积成的沉积物底层。
⑦ 木底(wood ground),指以树木堆积为主的沉积物底层,生物往往寄生在木质物上进行钻孔或觅食活动。

(2) 生命活动行为方式

古代生物在底层上能留下痕迹的生命活动行为方式通常包括10种。

① 跑动——生物在层内或层面上的快速运动,可分层内逃跑(escaping)和层面上跑动(running),前者是在沉积物底层受到加积或侵蚀时,生物为与水-沉积物界面保持一定的距离而产生的向层内上下快速运动;后者是生物在底层层面上因某种刺激而产生的一种快速运动,一般与沉积作用无密切关系。

② 走动(walking)——生物在层面上进行的行走运动。

③ 爬动(crawling)——生物使用其所具有的足趾或附肢在层面上进行爬动的运动,但身体往往不接触地面。

④ 蠕动(creeping)——生物使用其身体的一部分接触地面而进行的爬行运动。

⑤ 休息(resting)——生物在底层层面上活动时突然停栖下来,旨在躲避食敌或消除疲劳。

⑥ 觅食(grazing,亦称牧食或触食)——生物在层面或层面附近的挖食或捕食活动。

⑦ 进食(feeding,亦称摄食)——生物由层面向层内深部活动并探索取食的行为。

⑧ 居住(dwelling)——生物为了寻求避护所而向层内进行挖掘或钻孔的活动。

⑨ 游泳(swimming)——水中各种动物在水与沉积物界面附近进行的游泳活动。

⑩ 飞行(flying)——动物突然离开底层层面向空中飞行的运动。

(3) 遗迹化石的主要类型

软底沉积物中的动物痕迹包括以下几种。

足迹(tracks):足迹为动物在底层面上运动(走动或跑动)时留下的不连续单个足趾印痕。这类痕迹常出现于沙滩或海滩上,其造迹动物多为双足动物,如两栖类、爬行类、哺乳动物类及昆虫和鸟类等。

足辙迹(trackways):足辙迹,亦称步迹或足辙迹,是动物在底层面上作一定方向性运动或爬行时留下来的一系列成行、成组或成倍数又不连续的足趾痕迹,这类造迹生物多数是多足的节肢动物或四足动物,如三叶虫、鲎和古蝎类等。

拖迹(trails):拖迹是动物连续运动时,身体的一部分(常为腹侧)接触底层并在底层层面上蠕动、爬行或移动造成的连续沟槽痕迹(图1-2)。

图1-2 无脊椎动物的觅食拖迹

爬行迹(crawling traces):爬行迹系动物在未固结沉积物的底层层面上利用其运动器官或腹肢等进行爬行时留下的痕迹。迄今,有关三叶虫爬行迹的研究最详细,从寒武纪到泥盆纪各阶段都有不同的形态特征。

停息迹(resting traces,也叫栖息迹):停息迹指动物在松软沉积物底层层面上运行时因疲劳或遇到食敌等事件突然中断运动或正常休息停留而留下的痕迹,这种痕迹往往能够反映造迹动物的大小和部分外部形态特征。典型化石有三叶虫营造的 *Rusophycus*(皱饰迹)和海星营造的 *Asteriacites*(似海星迹)。

潜穴(burrows):潜穴系指动物向底层内挖掘的各种洞穴。潜穴存在潜穴壁(wall)、潜穴管(tube)、潜穴烟囱(chimney)和潜穴模(cast)四种不同的构造特征。潜穴壁指洞穴的外壁,它若被某些物质加固加厚时,就称为衬壁(wall lining)。

软底沉积物中的植物痕迹根渗透构造(root penetration structures):藻类叠层石(algal stromalolites)。

硬质底层上的生物侵蚀痕迹:钻孔(borings)、钻洞(drill holes 或 drilling marks)、磨蚀痕和擦蚀痕(rasping traces and scraping traces)以及咬痕(bite traces)。

动物的排泄物:粪化石(coprolites)、粪铸模(fecal castings)、粪球粒(fecal pellets)非粪成因的球粒、假粪粒(pseudofeces)、回吐球粒(regurgitation pellets)、挖掘球粒(excaration pellets)。

1.3 遗迹化石与底质的作用关系

Bromley(1996)定义了海底动物群与底质之间相互作用关系的四种主要类型:侵入、压实、挖掘、回填(图1-3)。这些类型是建立在逐渐复杂的生物-沉积物相互作用基础之上的,也就是说沉积物被简单地移动、推到一边或者重组,被控制和搬运到其他地方或者在掘穴过程中被生物消化而再沉积。

在侵入过程中,生物简单地用其肢体来临时移动沉积物(图1-3a～d)。由于生物的移动,沉积物在其后端闭合(即没有洞穴保持开放)。在汤底或软底沉积物中,掘穴方式最终导致典型的生物变形结构,而不是固定的明显的潜穴。许多不同生物所造逃逸构造采用该相互作用模式。依据Bromley(1996),一些陆生脊椎动物(如鼹鼠和一些爬行动物)和昆虫(如蟋蟀和甲虫)移动到沉积物表面时,也会发生侵入作用。在这种情况下,没有压实的顶部沉积物会简单地向上移动,许多情况下,构造会在生物身后坍塌。尽管如此,如果这些构造是发生在较固结底质中的较深阶层,那么将会产生压实构造而不是短暂的入侵构造。

压实记录了海底动物群在沉积物中通过将沉积物推到一边并压实而形成的通道(图1-3e～f),造成相对永久且明显的潜穴。潜穴边界特别平滑,个别的有纹饰(如 *Lockeia ornata*)。如果沉积物黏稠度合适,则水流对主体(或部分主体)造成的变形作用可以导致潜穴界限的压缩。在海洋环境中,双壳类、刺胞动物和许多运用液压机制运动的蠕虫均用该模式穿过固结的底质。例如,双壳休息构造(如 *Lockeia*)和刺胞动物休息和居住构造(如 *Bergaueria* 和 *Conostichus*),而在大陆环境中,蚯蚓和一些多脊椎动物所造隧道是压实造成的。

挖掘是处理压实沉积物的最有效途径(图1-3g～i)。动物向前疏松沉积物并且将沉积物搬运到别处(通常移动到底质表面),甲壳纲用他们身前附肢形成的篮子将沉积物搬运到潜穴外,而鱼用它们的嘴(Bromley,1996)来进行。甲壳纲动物也会用黏液及它们前部的附肢制造的小颗粒来紧压在潜穴构造边界上形成加固的潜穴壁(如 *Ophiomorpha*)。另外,部分沉积物可能会被生物吞食,生物会将排泄物排出潜穴外、潜穴壁上或存储在潜穴构造中的某处。

回填是生物对其前部疏松沉积物的主动控制,向后搬运,或者在生物向前移动的时候沉积物经由其身体在其体后再沉积(图 1-3j~k)。生物将沉积物搬运到其身体附近,当沉积物在吞咽和排泄时经过生物的身体时,沉积物被机械性地操控。回填纹或是显示出不同粗细粒度纹层的交替的新月形回填(如 *Taenidium*),或者是均匀的回填(如 *Planolites*)。通常蠕虫类采用回填的方式,但是节肢动物和不规则的海胆类也常采用这种方式。

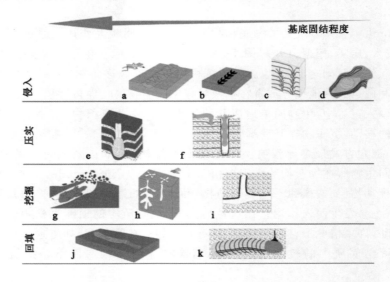

图 1-3 生物与底质之间的相互作用关系分类(引自 Mángano,2011)

1.4 研究现状

从二十世纪八十年代中期到二十一世纪初期,我国遗迹学研究的主要进展表现在海相遗迹组构、遗迹群落以及遗迹学在层序地层学和油气勘探中的应用研究等方面(杨式溥,1982,1984,1989;杨瑞东 等,1999;王约 等,1997,2004;胡斌 等,2015,2016;杨式溥 等,2004;张国成 等,2004;齐永安 等,2007b;宋慧波 等,2008;张立军 等,2009)。就已有资料和世界范围而言,海洋沉积环境中生物遗迹群落的研究已取得许多重要进展。在我国,杨式溥、龚一鸣、胡斌、齐永安等学者在古生代和中生代海相地层中的遗迹群落研究方面,已取得了与国际可以类比的重要成果。

1.5 遗迹化石

遗迹化石是各种生物适应环境活动的记录,是生物在其生命过程中在沉积物表面或内部所遗留下来的活动痕迹,一般在原地形成后随沉积物固结成岩保存,因而能够较确切地反映当时生物生活的环境。造迹生物与其生存环境有着密切的联系,对其遗迹化石的研究可以用来恢复和重建古生态及沉积环境。遗迹组构是指沉积物中生物扰动及生物侵蚀作用所保留下来的内部构造和总体结构特征,是各时期生物扰动作用在沉积物中活动历史的最终记录,是物理、生物过程相互作用的最终产物(Ekdale et al.,1983)。沉积物所具备的物理、化学、生态性质,例如沉积底质固结程度、沉积颗粒粒度、沉积速率、氧含量、营养物质、盐度、生态群落的结构,以及生物在沉积底质上各种行为活动等是决定遗迹组构属性的重要因素(Taylor et al.,2003)。

1.5.1 新元古界末期遗迹化石

新元古代末期出现的埃迪卡拉动物群全为软体动物(Seilacher,1992;Seilacher et al.,2003;Narbonne,2004,2005),它们与早期沉积物表面的微生物席有着密切的关系(Gehling,1999;Seilacher,1999;Seilacher et al.,2005b;Mángano et al.,2007)。该时期保存最多的遗迹化石是在微生物席下进行的觅食迹和拖迹(图 1-4),如 *Helminthoidichnites*、*Goria* 和 *Oldhamia*(Seilacher,1999;Buatois et al.,2004;Seilacher et al.,2005b)。

目前为止,在埃迪卡拉期浅海沉积中仍没有可靠的证据证明埃迪卡拉期已经存在着垂直潜穴(Seilacher et al.,2005b)。总而言之,新元古代遗迹化石的分异度和复杂性是非常有限的(Jensen,2003;Seilacher et al.,2003,2005b;Mángano et al.,2004a;Droser et al.,2004,2006)。在新元古代末期,遗迹化石较为简单,不发育分支,直径较小,在沉积物-水界面之下极浅处发育(Seilacher,1999;Dornbos et al.,2005),生物扰动程度极低,对原生层理几乎没有影响。直到显生宙,生物才开始对更深层的沉积物进行掘穴并在其中殖居,从而有了生物的阶层分布。

1.5.2 寒武纪早期遗迹化石

寒武纪早期遗迹化石的保存与分布及沉积学特征均与新元古代末期的具有一定相似性(Droser et al.,2002a,2002b;Jensen,2003),相似性主要包括以下几点:① 浅阶层保存。通过对遗迹化石几何形态的鉴定,其形成深度一般在沉积物-水界面之下几厘米处,这些遗迹化石包括 *Treptichnus pedum* 以及其他

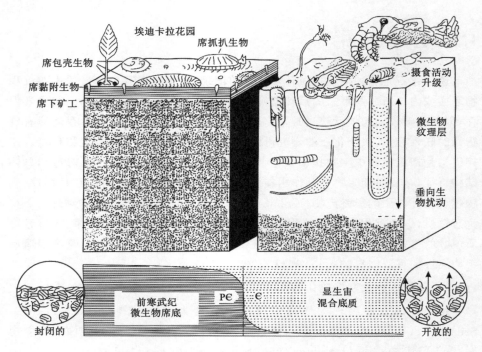

图 1-4 从新元古代普遍存在的微生物席和简单的、对层理几乎无破坏的生物扰动到显生宙混合底质的垂向生物扰动(Seilacher,1999)

的一些 treptichnids 建造的潜穴（例如 Gyrolithes）。② 高质量保存。尽管 Treptichnids 建造的潜穴在沉积物-水界面之下很浅处，但是通常有光滑的潜穴壁，在某些情况下保存有精美的纹饰，甚至有些样品中潜穴表面还保存有清晰的纹饰（如 Gyrolithes 和 Rusophycus），且没有任何迹象能够证明潜穴边缘是造迹生物主动用分泌的黏液加固的，且几乎没有压实作用。③ 特殊的保存方式。寒武纪早期遗迹化石多保存于泥岩中，被动填充为砂岩，这种保存方式要求潜穴为开放的泥质基底且有一定的抗侵蚀能力（即泥质沉积物具有一定的固结性）。④ 沉积物混合程度低。如，在发育 Treptichnus. pedum 带的沉积物中，很难发现有大量沉积物混合的迹象，仅局部出现孤立的混合层，厚度小于 1 cm。该时期有代表性的遗迹化石主要有 Archaeonassa、Circulichnis、Cochlichnus、Didymaulichnus、Diplichnites、Helminthopsis、Saerichnites、Treptichnus 和 Volkichnium 等，均保存在沉积物表面或层内很浅处，对原生层理构造的破坏性较小，沉积物的混合度较低。

遗迹化石的轮廓鲜明、有精细抓痕的潜穴边缘、低程度的压实作用等均显示了固底底质条件。具有以上特征的遗迹化石其决定性条件是沉积物需要具有一定的固结程度以抵抗水流的冲蚀作用，其良好的固结性得益于极少的生物扰动(Jensen,2003)。沉积物的固结是逐渐脱水和压实作用导致的，没有了生物扰动的干扰，沉积物将会倾向于更迅速的脱水，导致有黏结性沉积物表面的形成。

寒武纪早期遗迹化石在开阔的陆架环境中其丰度、分异度均为最大值，一般保存于极薄的粉砂岩与泥岩互层中。而深海沉积中含遗迹化石的浅海陆棚则不相同(图1-5)，其遗迹化石主要为 Oldhamia 和觅食活动形成的拖迹，反映寒武纪底部微生物席控制的深海沉积(Buatois et al.,2004)，深海遗迹种群与埃迪卡拉群相似，说明了"园艺革命"(agronomic revolution)转移到了深海环境中。从埃迪卡拉末期到显生宙早期，遗迹化石的演化和"底质革命"从浅海陆棚环境向海(深海)(Buatois et al.,2004)和向陆(Mcilroy et al.,1999)逐渐开展。

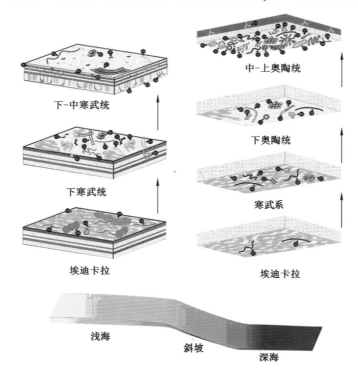

图1-5 埃迪卡拉期-寒武纪浅海和深海遗迹化石的演化(引自 Mángano et al.,2007)

1.5.3 寒武纪中晚期遗迹化石

寒武纪第三世以后,海底沉积物表面开始出现了混合层(Ekdale et al.,1984),这是由于后生动物的强烈扰动作用将沉积底质改造为未被压实的低密度沉积物,其中包含生物的排泄物及经过生物改造的沉积物,含水量大于60%。沉积物的含水量及孔隙度均由于生物扰动强度的增大而增加(Boudreau,1998;Mulsow et al.,1998),这同时促进了混合层的发育。生物扰动强度的逐渐增大会对沉积物的性质有着重要影响,如地球化学和海洋地球化学特征、碳氧同位素的变化、有机物质的分布和营养物质的循环(Droser et al. 2002b)。

寒武纪第三世以后遗迹化石的掘穴深度相对比寒武纪早期的要深,发育悬浮滤食者或捕食者建造的深阶层垂直居住迹(*Skolithos*、*Arenicolites*、*Diplocraterion*)(图1-3)。垂直向下的潜穴密集出现会形成 *Skolithos* 管状岩,它代表了中至高能动荡的 *Skolithos* 遗迹相,普遍发育于浅海沉积中(Droser,1991)。该时期的遗迹化石保存深度可达数十厘米以上,说明了阶层深度上的生物扰动强度明显增加。

我国寒武纪中晚期的遗迹化石研究主要集中在贵州及河南等地,杨式溥等(1996)在河南登封寒武系第三统徐庄组中识别出了遗迹化石10个遗迹属14个遗迹种,以 *Cruziana* 和 *Rusophycus* 为主的 *Cruziana barbata-Rusophycus ramellansis* 遗迹群落为主,其主要成员包括 *Bifungites* cf. *fezzanensis*,*Circulichnis montanus*,*Didymaulichnus rouaulti*,*Diplichnites* ichnosp. 1,*D.* ichnosp. 2,*Monomorphichnus lineatus*,*M. bilinearis*,*Palaeophycus tubularis*,*Phycodes* cf. *palmatum*,*Phycodes pedum*,*Planolites montanus*。齐永安等(2012)在洛阳龙门地区寒武系第三统张夏组识别出了6个遗迹组构,从下到上依次是 *Planolites montanus* 遗迹组构、*Palaeophycus tubularis-Thalassinoides bacae* 遗迹组构、*Skolithos linearis-Planolites montanus* 遗迹组构、模糊生物扰动遗迹组构、*Macaronichnus segregatis* 遗迹组构、*Palaeophycus heberti* 遗迹组构。其他相关遗迹化石还包括滤食生物所造的垂直或倾斜潜穴、节肢动物抓爬痕迹、蠕虫痕迹等(初庆春,1998;杨式溥,1994;阎国顺,1990;王约,2006a,2006b)。

2 渑池地区遗迹化石

河南省位于华北陆块南部和秦岭褶皱带交接部位。华北陆块先后经历了迁西运动、阜平运动,而在吕梁运动最终克拉通化后形成了华北陆块的主体,该主体通常指栾川-维摩寺-明港断裂带以北的具基底和盖层沉积的构造单元,一般又以马超营-拐河-确山断裂为界被分为华北陆块和华北陆块南缘(裴放等,2008)。河南省华北型寒武系豫西分区包括了三个小区,由南向北依次为卢氏-确山小区、灵宝-鲁山小区和渑池-登封小区。

2.1 区域地质

渑池地区位于华北型寒武系豫西分区的渑池-登封小区,总厚度为 490～828 m,相关区域地质图和柱状图见图 2-1 和图 2-2。渑池地区下覆地层为汝阳群,寒武系第二统的辛集组岩性为碎屑岩,总厚度为 21 m;朱砂洞组向北变薄,发育厚层豹皮灰岩,上部发育大型交错层理和包卷层理,总厚度为 33 m;馒头组一段总厚度为 88 m,主要岩性为紫红色或黄绿色页岩,中间夹有藻纹层灰岩及

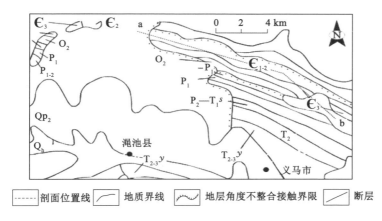

图 2-1 渑池地区寒武系分布及剖面位置
(根据刘印环,1991 并修改)

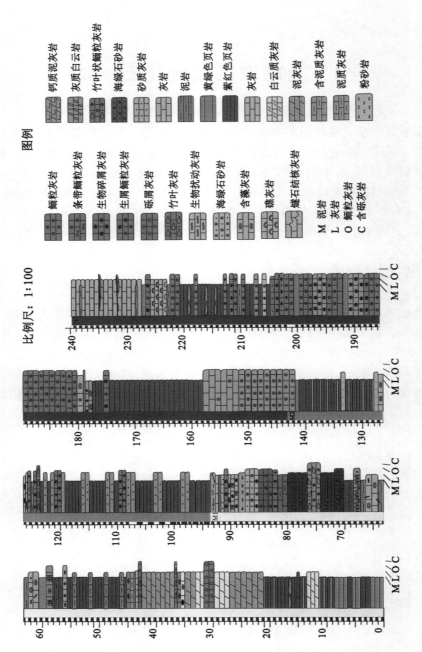

图2-2 渑池地区寒武系第二统和第三统馒头组地层柱状图

少量叠层石灰岩。寒武系第三统馒头组二段总厚度为45 m,主要岩性为紫色页岩夹薄层灰紫色细晶砂屑灰岩或细晶鲕粒灰岩;馒头组三段总厚度为50 m,主要岩性为中厚层泥质条带微晶鲕粒灰岩,中间发育数层微生物岩;张夏组总厚度为95 m,下部发育微生物岩及薄板状微晶灰岩与土黄色泥岩薄互层,中部为含生物扰动白云质灰岩与鲕粒灰岩薄互层,上部主要岩性为条带状鲕粒灰岩,含大量生物碎屑。芙蓉统总厚度为307 m,主要岩性为潮坪相白云岩,包括崮山组、炒米店组、三山子组,寒武系顶部发育不全,三山子组顶界为凤山阶上部,上覆地层为中下奥陶统马家沟组。

其中,馒头组实测剖面位于仁村乡北砥坞附近的采石场及其周边山上,实测剖面描述如下:

上部寒武系第三统张夏组未见顶($\epsilon_3 z$):

张夏组	厚77.37 m
23 深灰色厚层灰岩	8.00 m
22 深灰色厚层条带状鲕粒灰岩	7.00 m
21 浅灰色微晶灰岩,含深灰色生物扰动	0.12 m
20 浅灰色微晶灰岩夹薄层鲕粒条带	2.50 m
19 浅灰色微晶灰岩夹土黄色泥质条带	0.65 m
18 浅灰色微晶灰岩夹薄层鲕粒条带	1.80 m
17 深灰色条带状鲕粒灰岩	1.00 m
16 浅灰色生物扰动灰岩	0.15 m
15 浅灰白色含土黄色泥质条带灰岩,夹几层中厚层深灰色鲕粒灰岩	
	6.00 m
14 深灰色条带状鲕粒灰岩,含土黄色透镜状泥质条带	4.50 m
13 浅灰白色微晶灰岩夹薄层鲕粒灰岩	2.00 m
12 深灰色条带状鲕粒灰岩	8.00 m
11 灰色生物扰动灰岩,中间夹介壳砂屑灰岩	1.20 m
10 浅灰色细晶砾屑灰岩	0.05 m
9 浅灰色微晶灰岩夹薄层黑色砂屑颗粒	0.40 m
8 竹叶状砾屑灰岩	0.10 m
7 浅灰色微晶灰岩	2.20 m
6 凝块石灰岩(与小柱状叠层石上部发育的凝块石灰岩相同)	1.90 m
5 深灰色鲕粒灰岩夹土黄色透镜状泥质条带	3.50 m
4 深灰色微晶灰岩夹泥质条带	4.50 m
3 深灰色鲕粒生屑灰岩	3.00 m

2 深灰色中厚层鲕粒灰岩,中间夹薄层核形石层及厚 1.50 m 的巨鲕层,顶
　部为厚约 60 cm 的浅灰色凝块石灰岩　　　　　　　　　　　　　6.80 m
1 浅灰色厚层微晶灰岩夹泥质条带,偶尔夹几层透镜状鲕粒灰岩和生物碎
　屑层　　　　　　　　　　　　　　　　　　　　　　　　　　　12.00 m
―――――――――――――― 整合 ――――――――――――――
馒头组三段　　　　　　　　　　　　　　　　　　　　　　　厚 71.80 m
12 黄绿色页岩与深灰色生物介壳鲕粒灰岩互层　　　　　　　　　0.60 m
11 浅灰色微生物岩,下部发育小型柱状叠层石,含少量鲕粒和大量生物碎
　屑;上部发育大型块状凝块石灰岩,整体成丘状　　　　　　　　3.00 m
10 深灰色鲕粒砾屑灰岩,含生物介壳　　　　　　　　　　　　　0.15 m
9 深灰色鲕粒灰岩夹土黄色泥质条带　　　　　　　　　　　　　1.60 m
8 紫红色页岩与土黄色块状泥岩互层,夹薄层土黄色鲕粒灰岩　　　8.00 m
7 深灰色鲕粒灰岩夹土黄色泥质条带　　　　　　　　　　　　　2.50 m
6 紫红色页岩夹土黄色薄板状鲕粒灰岩　　　　　　　　　　　　3.50 m
5 深灰色鲕粒灰岩与土黄色、紫红色泥岩互层,底部 5 m 处发育浅灰色
　厚 0.20 m 的凝块石灰岩,层面分布团块状泥岩;底部 10 m 处发育浅灰色
　厚 0.50 m 的凝块石灰岩,分布不连续,内部可见大量泥线构造　23.00 m
4 浅灰白色凝块石灰岩,宽 1.00 m 左右,两侧为鲕粒灰岩夹泥质条带
　　　　　　　　　　　　　　　　　　　　　　　　　　　　　　0.50 m
3 小柱状叠层石　　　　　　　　　　　　　　　　　　　　　　0.60 m
2 灰黄色鲕粒砾屑灰岩,砾屑上发育小柱状叠层石,柱间充填鲕粒颗粒
　　　　　　　　　　　　　　　　　　　　　　　　　　　　　　0.35 m
1 紫红色页岩夹灰黄色中厚层板状鲕粒砂屑灰岩、生物碎屑层　　28.00 m
馒头组二段　　　　　　　　　　　　　　　　　　　　　　　厚 45.22 m
8 黄绿色鲕粒灰岩,发育交错层理　　　　　　　　　　　　　　1.60 m
7 紫红色页岩夹黄绿色页岩,含云母片　　　　　　　　　　　　13.00 m
6 浅灰白色小柱状叠层石和不规则核形石　　　　　　　　　　　0.10 m
5 浅灰色鲕粒灰岩夹数层生物介壳层,具缝合线构造　　　　　　1.90 m
4 浅灰白色小柱状叠层石和不规则核形石,底部为波曲状灰质砂岩　0.10 m
3 灰黄色含泥质砂岩　　　　　　　　　　　　　　　　　　　　0.07 m
2 砂屑鲕粒灰岩夹透镜状泥质条带,含生物介壳　　　　　　　　0.45 m
1 紫红色页岩与黄绿色含云母砂岩薄互层　　　　　　　　　　　28.00 m

──────── 整合 ────────

寒武系第二统

馒头组一段   厚 87.75 m

56 浅肉红色含生物扰动粉砂岩   0.60 m

55 浅灰色圆点状方解石充填的遗迹化石   0.10 m

54 浅肉红色粉砂岩   0.50 m

53 浅灰色灰岩与土黄色泥岩互层   0.30 m

52 灰白色细粒砂屑灰岩，含生物碎屑   1.10 m

51 生物碎屑灰岩夹薄层波状土黄色泥，局部发育凝块石灰岩，夹杂少量核形石，富含大量生物碎屑   0.50 m

50 核形石灰岩，含三叶虫碎屑   0.15 m

49 小型叠层石灰岩，缝隙中充填物为黑色碎屑颗粒   1.60 m

48 浅灰色厚层砂屑鲕粒灰岩   5.90 m

47 黄绿色板状灰岩   1.00 m

46 紫红色含云母细砂岩   3.00 m

45 浅灰色竹叶状砾屑鲕粒灰岩   1.00 m

44 紫红色含云母细砂岩   1.50 m

43 浅灰色含竹叶状鲕粒灰岩   1.50 m

42 紫红色含云母片细砂岩   1.00 m

41 鲕粒灰岩   0.50 m

40 紫红色页岩   3.00 m

39 浅灰色矮柱状叠层石，云朵状，底部为竹叶状砾屑灰岩   0.10 m

38 浅灰色灰岩与浅橘黄色泥岩薄互层   7.00 m

37 黄绿色页岩   1.10 m

36 红褐色泥岩，局部被打断   0.40 m

35 紫红色页岩夹有土黄色模糊泥质斑点   1.80 m

34 浅灰色鲕粒灰岩，底部发育直径 3～4 mm 的藻包粒   0.35 m

33 浅灰色藻纹层灰岩（局部发育叠层石），叠层石发育在细鲕粒灰岩之上，且藻纹层中夹有鲕粒层   0.07 m

32 深褐色泥质含藻包粒鲕粒砾屑灰岩   0.03 m

31 浅灰色细鲕粒灰岩，中间夹两层近平行分布泥质竹叶状灰岩   0.22 m

30 紫红色页岩夹黄绿色泥灰岩   9.50 m

29 砖红色藻纹层灰岩   0.80 m

28 深土黄色泥质灰岩　　　　　　　　　　　　　　　　　　1.00 m
27 浅灰色小砾屑灰岩,砾屑磨圆中等　　　　　　　　　　　0.30 m
26 土黄色板状泥灰岩　　　　　　　　　　　　　　　　　　5.50 m
25 浅肉红色似纹理石灰岩,上部 30 cm 处夹有 3 层小型肉红色竹叶状灰
　　岩,砾屑中发育有层理　　　　　　　　　　　　　　　0.80 m
24 浅灰黄色薄板状纹理石灰岩,下部为 8 cm 的板状灰岩　　0.65 m
23 黄绿色薄板状泥灰岩　　　　　　　　　　　　　　　　　2.80 m
22 浅黄色板状泥灰岩,夹两层砾屑灰岩　　　　　　　　　　3.00 m
21 黄绿色薄版状泥岩　　　　　　　　　　　　　　　　　　6.80 m
20 紫红色板状泥岩夹黄绿色板状泥岩　　　　　　　　　　　2.30 m
19 紫红色页岩夹浅黄绿色页岩　　　　　　　　　　　　　　3.00 m
18 紫红色厚层板状泥灰岩　　　　　　　　　　　　　　　　0.55 m
17 浅黄绿色页岩与紫红色页岩互层　　　　　　　　　　　　1.00 m
16 浅黄绿色块状泥质灰岩　　　　　　　　　　　　　　　　2.00 m
15 紫红色页岩与黄绿色泥岩薄互层　　　　　　　　　　　　0.50 m
14 浅灰色灰泥岩夹极薄层紫红色页岩及黄绿色页岩　　　　　0.20 m
13 块状泥岩　　　　　　　　　　　　　　　　　　　　　　0.50 m
12 紫红色页岩与浅黄绿色页岩互层　　　　　　　　　　　　2.20 m
11 浅黄绿色泥岩　　　　　　　　　　　　　　　　　　　　0.25 m
10 紫红色页岩　　　　　　　　　　　　　　　　　　　　　0.90 m
9 浅黄绿色泥岩,表面风化为红褐色　　　　　　　　　　　　2.05 m
8 紫红色页岩与浅黄绿色页岩互层　　　　　　　　　　　　0.15 m
7 浅黄绿色页岩　　　　　　　　　　　　　　　　　　　　0.25 m
6 紫红色页岩　　　　　　　　　　　　　　　　　　　　　0.35 m
5 浅黄色板状泥灰岩　　　　　　　　　　　　　　　　　　0.28 m
4 紫红色与浅黄绿色泥岩互层　　　　　　　　　　　　　　1.00 m
3 浅黄绿色薄板状泥岩　　　　　　　　　　　　　　　　　1.00 m
2 紫红色页岩　　　　　　　　　　　　　　　　　　　　　1.60 m
1 浅黄绿色薄板状泥岩　　　　　　　　　　　　　　　　　2.20 m

———————————————— 整合 ————————————————

下伏地层　朱砂洞组白云岩

2.2 沉积特征与沉积相

2.2.1 发育潮坪的碎屑岩沉积模式

豫西寒武系馒头组中识别出的主要沉积相包括混合坪沉积相(砂泥坪、泥砂坪)、低能局限台地相、滨岸浅滩相、开阔台地鲕粒滩相。

豫西寒武系第二统和第三统馒头组一段和二段主要为陆源碎屑岩沉积模式,发育以碎屑岩为主的混合坪沉积,沉积环境一般为潮间带,主要由潮间混合坪沉积中的砂泥坪(砂少泥多)和泥砂(砂多泥少)坪组成。

砂泥坪:主要为豫西寒武系馒头组一段及馒头组二段下部发育,岩性以紫红色页岩与黄绿色页岩薄互层为主,每层厚约0.5~1.5 cm。发育脉状层理及平行层理,紫红色泥岩上发育有泥裂[图2-3(d)]等暴露标志,局部剖面上还可见泄水构造[图2-3(b)]。黄绿色泥岩夹浅黄色粉砂岩表层发育平顶波痕[图2-3(a)],波峰呈平顶状,顶部宽3~4 cm。暴露标志显示沉积物曾经暴露地表,平顶波痕以及脉状层理的发育是潮坪环境沉积的典型特征。化石较为稀少,偶见三叶虫实体化石。生物遗迹主要以水平或近平行的遗迹化石(*Planolites*,*Beaconites*)为主,局部发育大量三叶虫抓痕,还发育隐藻所生成的藻席[图2-3(e)]。

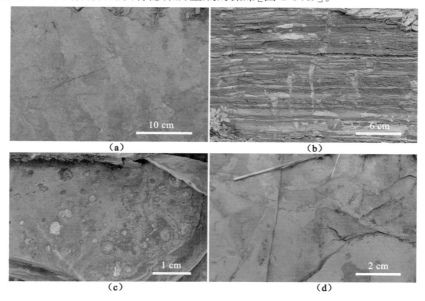

(a) 平顶波痕;(b) 泄水构造;(c) 蒸发作用形成的孔洞重结晶;(d) 泥裂;(e) 藻席。

图 2-3 砂泥坪主要沉积构造

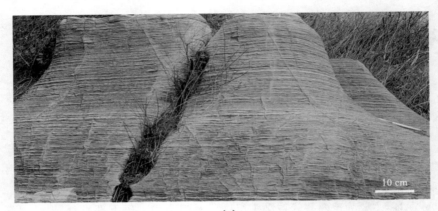

(e)

图 2-3(续)

泥砂坪:主要在寒武系馒头组二段发育。登封馒头组二段(以下简称馒二段)总厚约 67 m,整段地层以黄绿色含云母石英砂岩为主(图 2-4)。馒二段下部为紫红色含海绿石砂岩,多呈板状且具波曲面[图 2-4(a)],底部具侵蚀面,褶皱的黄绿色泥岩与紫红色含海绿石砂岩交互出现,黄绿色褶皱的泥岩可能代表了稳定的微生物席沉积底质,其上常发育 *Rusophycus*[图 2-4(c)],局部泥岩层面上发育暴露标志,显示了该段沉积物的固结性质。馒二段中部黄绿色含云母砂岩中间夹数层薄层肉红色鲕粒灰岩[图 2-4(e)]。上部发育泥层,中间夹厚层竹叶状鲕粒灰岩[图 2-4(c)];馒二段上部发育厚层的黄绿色含云母石英砂岩,层理不发育,砂质沉积物中含生屑较少,遗迹化石主要以水平遗迹(*Scolicia*, *Gordia*)为主[图 2-4(b)]。整段显示了海侵作用,从下向上水体逐渐加深,由潮间带砂泥混合坪沉积环境逐渐变为潮间带泥砂坪沉积环境。

2.2.2　碳酸盐台地沉积模式

当豫西寒武系第三统馒头组上部沉积时,潮坪沉积被海水淹没,主要发育以碳酸盐岩为主的碳酸盐岩沉积模式,沉积环境一般为潮下带和潮间带,包括滨岸浅滩相,局限台地相和开阔台地鲕粒滩相等。

滨岸浅滩相:主要在寒武系馒头组三段中下部发育,岩性以砂屑鲕粒灰岩为主,具双向交错层理和板状或楔状交错层理[图 2-5(c)],主要遗迹化石为垂直型潜穴"*Skolithos*"等[图 2-5(a)],局部鲕粒灰岩中还有磨圆较好的砾屑[图 2-5(b)],代表了能量较高的滨岸浅滩沉积环境。

潮下低能带:该岩相主要为浅灰色微晶灰岩夹土黄色薄泥质条带,在豫西

2 渑池地区遗迹化石

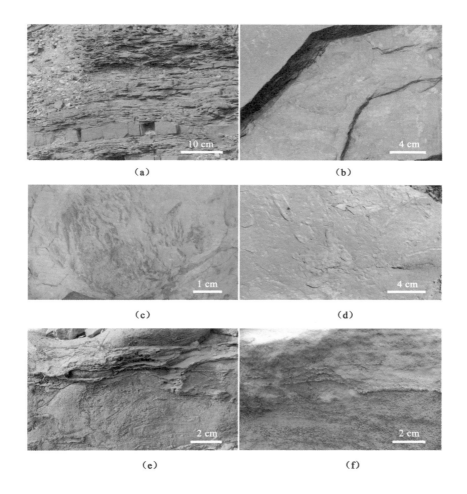

(a) 黄绿色板状砂岩夹波状的薄泥层；(b) 黄绿色含云母海绿石砂岩，发育 *Scolicia*；(c) 黄绿色砂岩层间夹一层黄绿色的薄泥层，表面发育三叶虫抓痕构造；(d) 黄绿色含云母砂岩，表面发育蠕形遗迹化石；(e) 竹叶状鲕粒灰岩；(f) 肉红色鲕粒灰岩。

图 2-4 寒武系馒二段泥砂坪岩性柱状图及主要沉积特征

寒武系馒头组三段以上地层中较多见，到了张夏组底部更为频繁，并与厚层的凝块岩交替出现。无生物扰动时岩层发育水平层理[图 2-6(a)]，发育生物扰动的层位层理呈波曲状[图 2-6(b)]。该环境能量较低，水循环较差，遗迹化石主要以水平潜穴 *Planolites* 及网状潜穴 *Thalassinoides* 为主。

开阔台地鲕粒滩相：主要在豫西寒武系第三统馒头组顶部及上部张夏组中发育，岩性主要以深灰色厚层鲕粒灰岩夹透镜状泥为主（图 2-7）。由厚层亮晶

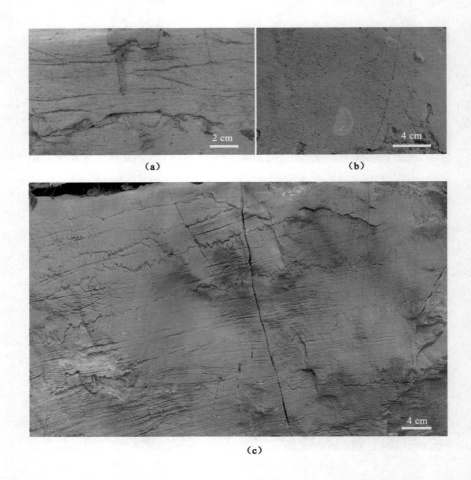

(a) *Skolithos linearis* 遗迹化石;(b) 砂质鲕粒沉积物中局部发育砾屑;
(c) 发育大型楔状交错层理,发育缝合线,且具侵蚀面。

图 2-5 滨岸浅滩沉积特征

鲕粒灰岩、亮晶砂屑灰岩、生物碎屑和亮晶核形石灰岩组成,含大量三叶虫、软舌螺碎片。这主要反映了潮下高能搅动水浅滩环境,形成于开阔台地中的水下隆起部位。该沉积相主要遗迹化石为土黄色泥质充填的水平 *Planolites montanus*。

(a) 不发育生物扰动的岩层,平行层理清晰可见;(b) 发育 *Thalassinoides horizontalis* 的微晶灰岩。

图 2-6 局限台地相沉积特征

2.3 遗迹化石

豫西寒武系第二统和第三统馒头组发育丰富的遗迹化石,共识别出遗迹化石 21 个遗迹属 29 个遗迹种(包括 7 个未定种),即 *Arenicolites yunnanensis*,

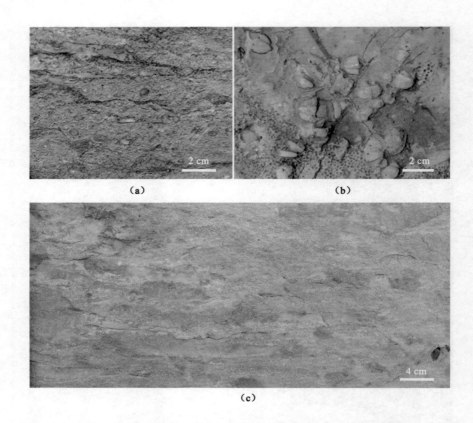

(a) 生物碎屑极为发育,包含软舌螺、三叶虫等碎片;(b) 三叶虫化石;
(c) 厚层鲕粒灰岩夹透镜状泥。

图 2-7 开阔台地鲕粒滩沉积特征

Bergaueria aff. *hemispherica*, *Beaconichnus* ichnosp., *Beaconites antarcticus*, *Bifungites fezzanensis*, *Cruziana rouaulti*, *Cruziana barbata*, *Diplichnites* ichnosp. 1, *Diplichnites* ichnosp. 2, *Didymaulichnus lyelli*, *Diplocraterion* ichnosp., *Dimorphichnus* cf. *obliquus*, *Diplichnites subtilis*, *Diplichnites robustus*, *Gordia marina*, *Monocraterion* ichnosp., *Monomorphichnus bilinearis*, *Monomorphichnus linearis*, *Planolites montanus*, *Palaeophycus striatus*, *Qipanshanichnus gyrus*, *Rusophycus ramellensis*, *Rusophycus yunnanensis*, *Scolicia anningensis*, *Scolicia* ichnosp., *Skolithos linearis*, *Skolithos verticalis*, *Thalassinoides horizontalis*, *Treptichnus* ichnosp.。

似塔形迹属 *Beaconites* Vialov,1962
南极似塔形迹 *Beaconites antarcticus* Vialov,1962

描述　个体较小,呈圆柱状,无分支,有潜穴壁且有回填纹饰构造的潜穴,呈直或弯曲、多水平分布、少数倾斜或垂直,呈弓形弯曲的回填部分在清晰且光滑的潜穴衬壁处汇合。

(a)(b) 肉红色砂岩中发育的 *Beaconites antarcticus*,可见新月形回填纹,发育于渑池地区馒头组一段。

图 2-8　*Beaconites antarcticus* 的野外剖面照片

讨论　*Beaconites*、*Taenidium* 和 *Ancorichnus* 均为具有回填构造的潜穴,这三者的区别主要在其潜穴壁或衬壁上。*Beaconites* 的回填物外面被潜穴壁包围(walled or lined),*Taenidium* 无潜穴壁,*Ancorichnus* 则在新月型回填构造外面有一层罩(mantle)。Heinberg(1974)认为这是生物突然移动产生的静水力学作用形成的。因此,这种膜构造并不是生物为了隔绝周围环境或使通道变得更加舒适等而建造的,仅仅是生物在此运动过的一个证据而已(Keighley et al.,1994)。亦即,潜穴膜在概念上不同于潜穴壁(Bromley,1996)。该遗迹化石在海陆地层中均有报道(Keighley et al.,1994),为一广相遗迹化石。本研究区发现的发育较薄的潜穴壁有新月形回填构造,潜穴为不分支圆柱状,其直径较为均匀(为 5～6 mm),长度为 5～8 cm。故定为 *Beaconites antarcticus*。

产地层位　渑池地区馒头组一段肉红色砂岩。

克鲁兹迹属 *Cruziana* D'Orbigny,1842
胡须克鲁兹迹 *Cruziana barbata* Seilacher,1970

描述　三叶虫类内肢形成两排抓痕,每个内肢抓痕略成簇状并由几个尖锐不等的抓痕组成。遗迹宽约 4～5 cm,抓痕纤细,长度一般为 5～75 cm,轻微弯曲[图 2-9(b)(c)]。

讨论　本遗迹化石与 *Dimorphichnus obliquus* 相似,即两个主要前爪和两个次级前爪。

产地层位　河南渑池、登封寒武系馒头组二段。

(a) 紫红色砂岩表面发育的 *Cruziana rouaulti*；
(b)(c) 黄绿色含海绿石砂岩表面发育的 *Cruziana barbata*,渑池地区馒头组二段。

图 2-9　*Cruziana rouaulti* 和 *Cruziana barbata* 的样品照片

鲁昂欧克鲁兹迹 *Cruziana rouaulti* Seilacher,1970

描述　纵长二叶形潜穴内模,表面光滑无纹饰,也不发育附肢形成的抓痕,中沟较浅,遗迹宽约 1 cm,可见交叉叠覆,两侧边缘具肋痕[图 2-9(a)]。

讨论 该遗迹种区别于其他遗迹种的主要特点是遗迹表面光滑无纹饰，两侧边缘具有肋沟。

产地层位 河南渑池寒武系馒头组二段。

双行迹属 *Dimorphichnus* Seilacher,1955
斜双行迹（比较种）*Dimorphichnus* cf. *obliquus* Seilacher,1955

描述 两组不同类型的抓痕保存在粉砂岩层面，底部为两排凸起的脊，一组平行线脊凸起较长，尖端一分为二。另一组抓痕为短而钝的长圆形，两组抓痕斜交，该样品照片如图 2-10 所示。

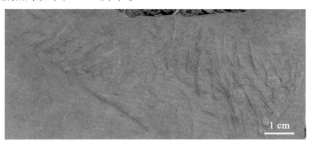

图 2-10 *Dimorphichnus* cf. *obliquus* 的样品照片

讨论 标本描述同 Seilacher 所建立的 *D. obliquus* 特征基本符合，但平行长脊未呈 S 形，短脊未呈圆形，似乎略有不同。这尚需进一步收集资料研究。

产地层位 河南渑池寒武系馒头组二段。

双趾迹属 *Diplichnites* Dawson,1873
粗壮双趾迹 *Diplichnites robustus* Yang et Wang,1990

描述 遗迹种因遗迹化石足迹粗壮而被命名为粗壮双趾迹，遗迹为两列简单的粗壮的平行分布的爬行足迹，在下底面呈两排脊状排列保存，长 5 cm、宽 3 cm，单个脊长 1 cm、宽 1～2 mm，两条脊间距近似相等，约 1～2 mm，两列脊之间距离为 0.5 mm，比模式种粗壮，排列近平行。

讨论 该遗迹种以足迹粗短、排列紧密、趾间距稳定、两列脊间趾固定不变为特征，推测由三叶虫内肢在松软沉积物上行走形成（图 2-11）。

产地层位 河南登封、渑池馒头组二段。

纤细双趾迹 *Diplichnites subtilis* Yang,2004

描述 遗迹产于粉砂岩层下层面凸起，由两列平行的细脊组成，单个脊的

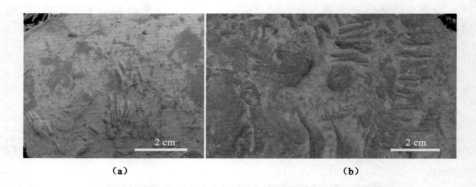

(a) 黄绿色砂岩表面发育的 Diplichnites subtilis；(b) 紫红色砂岩表面发育的 Diplichnites robustus。

图 2-11　登封寒武系馒头组砂岩中发育的 Diplichnites subtilis 和 Diplichnites robustus 的样品照片

长轴方向与运动方向近似垂直，长 3 cm、宽 2 cm，两列脊之间间距 0.2～0.5 cm。

讨论　该遗迹种以脊纤细为特征，系由 Rusophycus 转变为 Diplichnites 形成[图 2-11(a)]。

产地层位　河南登封、渑池馒头组二段。

石针迹属 Skolithos Haldemann, 1840
垂直石针迹 Skolithos verticalis Hall, 1942

描述　该潜穴较细小，微弯曲或垂直分布，深约 1cm 左右，直径 1～2 mm，横剖面为近圆形，纵剖面呈细小的针状，潜穴不发育衬壁，充填上覆土黄色泥岩。本书中在豫西渑池寒武系馒头组一段浅灰色微晶灰岩中发育，剖面上显示浅灰色微晶灰岩与土黄色泥岩薄互层[图 2-12(d)]。

产地层位　河南渑池寒武系馒头组一段

线形石针迹 Skolithos linearis Haldeman, 1840

描述　Skolithos linearis 为垂直或略倾斜管状潜穴，直径 0.3～1 cm，垂向延伸深度 5～20 cm 左右，填充物为被动充填的上覆土黄色砂质泥岩[图 2-12(a)(b)(c)]。

讨论　S. linearis 区别于 Skolithos 其他种的主要特征是直径均一（杨式溥等，2004）。Seilacher 在建立 Skolithos 遗迹相时认为 Skolithos linearis 产在近岸潮间带和近海不稳定的砂质底质沉积物中。

产地层位　河南登封、渑池地区的馒头组三段交错层理鲕粒灰岩。

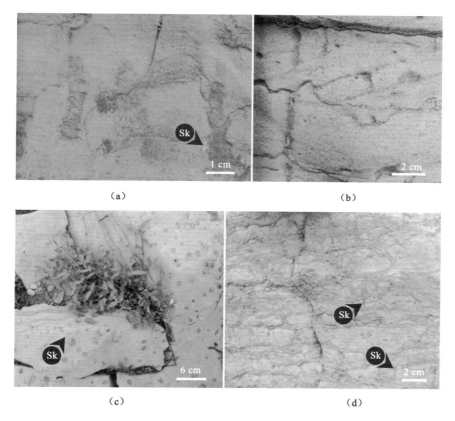

Sk—*Skolithos*。

(a) 鲕粒灰岩中发育的 *Skolithos linearis* 剖面照片,产于登封地区馒头组三段;(b) *Skolithos linearis* 剖面照片,产于渑池地区寒武系馒头组三段;(c) *Skolithos linearis* 在层面上呈成对的圆点状,与 *Diplocraterion* 共生;(d) *Skolithos verticalis* 与 *Thalassinoides* 共生,产于渑池馒头组一段。

图 2-12　*Skolithos linearis* 和 *Skolithos verticalis* 野外剖面照片

海生迹属 *Thalassinoides* Ehrenberg,1944
水平海生迹 *Thalassinoides horizontalis* Myrow,1995

描述　在平面上呈多分支的网状结构,分支一般呈"Y"形或"T"形。潜穴直径一般为 1.2~1.5 cm,填充物外面往往是一层厚 1~2 mm 的深黑色潜穴壁,潜穴内部充填物为土黄色泥质,来自上覆岩层。单个潜穴直径较均匀,但从剖面上看,其他分支粗细略有差别,可能是潜穴不在同一水平面分布而且剖面显示了潜穴的不同截面所致。该遗迹化石平行于层面的分支较为发育，而垂向的竖直潜穴向下掘穴深度不深，约 2～8 cm[图 2-13(a)(b)]。

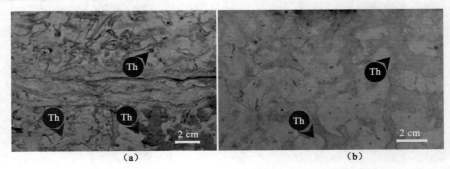

Th—*Thalassinoides horizontalis*。
（a）土黄色泥质充填的 *Thalassinoides horizontalis* 剖面照片，产于渑池寒武系馒头组三段；
（b）土黄色泥质充填的 *Thalassinoides horizontalis* 层面照片，产于渑池寒武系馒头组三段上部。
图 2-13 *Thalassinoides horizontalis* 野外照片

讨论　该遗迹化石在较软的沉积物中掘穴活动，因而它们为了加固潜穴而将排泄物或是消化产物黏附在潜穴内壁，防止潜穴的变形和坍塌。由于该潜穴内壁缺乏抓痕，并且潜穴中无膨大现象，故认为其造迹生物为个体较小的甲壳动物（虾或螯）或软体动物（Myrow，1995）。

2.4　遗迹组构

豫西寒武系第二统和第三统馒头组在登封、渑池和鲁山地区的沉积特征相似，遗迹组构类型也颇为相似。登封和渑池地区剖面较为连续，遗迹化石类型较为丰富，而鲁山地区由于剖面出露间断，发现的遗迹化石层位较少。本书将三个地区所发现的不同遗迹组构进行了总结与合并，共建立了 10 个遗迹组构。其中，碳酸盐岩中发育的遗迹组构有 6 种，包括 *Thalassinoides* 遗迹组构、鲕粒灰岩中的 *Planolites* 遗迹组构、*Skolithos*-叠层石遗迹组构、*Skolithos-Arenicolites* 遗迹组构、*Planolites*-大型叠层石遗迹组构和 *Thalassinoides*-凝块岩共生遗迹组构；碎屑岩中发育的遗迹组构有 4 种，包括 *Beaconites* 遗迹组构、*Beaconichnus-Diplichnites* 遗迹组构、*Cruziana-Rusophycus* 遗迹组构和 *Scolicia* 遗迹组构。

2.4.1　*Thalassinoides* 遗迹组构

（1）遗迹学特征

2 渑池地区遗迹化石

该遗迹组构在渑池地区寒武系馒头组一段、二段、三段的灰白色微晶灰岩与薄层泥质条带互层中均有发育,馒一段微晶灰岩沉积物较粗,包含大量的生物碎屑,包括古杯、软舌螺、三叶虫甲刺等。

Thalassinoides 遗迹组构主要由土黄色泥质充填且发育黑色衬壁的 *Thalassinoides horizontalis*、水平分布的 *Planolites montanus* 和小型垂直针状 *Skolithos verticalis* 遗迹化石所组成(图 2-14),但由于层位不同,*Planolites montanus* 和小型垂直针状 *Skolithos verticalis* 有时仅发育其中的一种与

Sk—*Skolithos verticalis*;Th—*Thalassinoides horizontalis*;Pl—*Planolites montanus*。
(a)*Thalassinoides* 遗迹组构剖面照片(渑池,馒一段);(b) *Thalassinoides horizontalis* 与小型 *Planolites montanus* 共生层面照片(渑池,馒三段);(c) *Thalassinoides horizontalis* 与小型 *Skolithos verticalis* 共生(渑池馒一段)。

图 2-14 *Thalassinoides* 遗迹组构

Thalassinoides horizontalis 相伴生。*Planolites montanus* 遗迹化石多发于 *Thalassinoides horizontalis* 周围的微晶灰岩中,充填物为黑色方解石,仅有一层小型 *Skolithos verticalis* 也发育在 *Thalassinoides horizontalis* 周围的微晶灰岩中。由下向上沉积物粒度逐渐变细,遗迹化石分异度也由下向上逐渐减小,馒三段该遗迹组构仅发育 *Thalassinoides* 这一种遗迹化石,扰动程度较高,BI=2~3,局部可以达到 4,扰动深度也逐渐由 2 cm 增大到 4 cm,沉积物层理被扰动作用破坏而呈不规则波曲状,剖面上可见呈密集的波曲状分布的土黄色泥质条带。

(2)遗迹组构成因解释

Thalassinoides 是甲壳纲动物虾类 *Callichirus* 在低能的较软沉积物中所造的遗迹化石(图 2-15),潜穴发育极薄的不规则的衬里,表示造迹生物需要加固潜穴防止坍塌变形。潜穴壁反映了沉积环境和沉积物的稳定性。*Thalassinoides horizontalis* 发育极薄的衬壁,形态较不规则,再次说明其掘穴底质为较稳定的软体沉积物,生物需要对潜穴壁加固来防止潜穴坍塌变形。另外由于沉积物中蠕虫类 *Planolites* 遗迹化石、食悬浮生物所造的 *Skolithos* 与 *Thalassinoides* 相伴生[图 2-14(b)(c)],似乎反映了甲壳纲动物与其他生物之间的捕食关系。

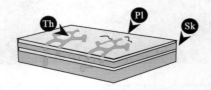

Th—*Thalassinoides horizontalis*;Pl—*Planolites montanus*;Sk—*Skolithos verticalis*。

图 2-15 *Thalassinoides* 遗迹组构模式图

2.4.2 *Planolites*-大型叠层石遗迹组构

Planolites montanus 在豫西寒武系馒头组三段的条带状鲕粒灰岩中大量发育,分异度极低,仅有这一种遗迹化石出现,代表了极端环境。该遗迹化石与大型柱状叠层石共生,该现象仅在渑池地区馒头组三段顶部的条带状鲕粒灰岩中可见,这一微生物与后生动物遗迹化石的共生现象值得我们进一步详细研究。

(1)遗迹学特征

Planolites 充填物为土黄色泥质,与层面呈近水平状分布,潜穴直径为 2~8 mm,潜穴可见长度较短,约 2~4 cm。潜穴周围鲕粒颜色较围岩的深,呈灰黑

色的晕圈状,但潜穴无明显衬壁。*Planolites* 在大型柱状叠层石下覆鲕粒灰岩及大型柱状叠层石发育的层位扰动量极少,几乎没有扰动,而在柱状叠层石上覆的不发育微生物岩的鲕粒灰岩中扰动程度逐渐增多,BI 可以达到 2~3[图 2-16 和 2-18(b)]。

(2) 沉积学特征

该遗迹组构沉积相序由下向上分别为:① 鲕粒砾屑层,其底部发育灰黄色鲕粒砾屑灰岩,砾屑外部被藻纹层包裹。② 柱状叠层石层,砾屑上部发育大型的灰白色柱状叠层石,叠层石之间充填为鲕粒。③ 透镜状鲕粒灰岩,上部发育透镜状泥质条带鲕粒灰岩,其中发育 *Planolites montanus*。

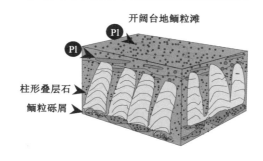

Pl—*Planolites*。

图 2-16 *Planolites*-叠层石遗迹组构模式图

灰黄色鲕粒砾屑灰岩,砾屑最大长 24 cm、宽 6 cm,砾屑鲕粒灰岩基本上延层面呈近水平分布,部分砾屑外层包裹一层薄层的藻纹层,鲕粒砾屑上直接生长出小柱状叠层石,最高可达 2 cm 厚,柱间充填物为鲕粒颗粒,向上叠层石被鲕粒沉积物覆盖,停止发育叠层石(图 2-17 中的 A 至 B 段)。

大型柱状叠层石,高约 60 cm,宽 15~30 cm,叠层石内部为浅灰白色小柱状叠层石,小柱状叠层石大规模发育,底部呈席状生长,厚约 1 cm,向上发育成宽 0.5~1 cm,高约 3 cm 的小柱状叠层石,连续向上发育 9 层,每层厚度为 5~6 cm。叠层石间为鲕粒充填,层中有土黄色的薄泥层。下部叠层石间充填物为鲕粒及土黄色泥质及生物碎屑,向上泥质逐渐变少,柱状叠层石间充填物为纯鲕粒及生物介壳(图 2-17 中的 C 段)。

深灰色鲕粒灰岩夹土黄色泥质条带,均含呈点状或长条状的遗迹化石 *Planolites montanus*,潜穴充填物为土黄色泥质,不发育衬壁,潜穴外部鲕粒灰岩发黑,形成一圈黑色鲕粒包层,厚 1 mm 左右。中间夹少量灰黄色生物碎屑层,生物介壳排列有定向性,与岩层倾斜方向一致。推测鲕粒的形成速率比叠

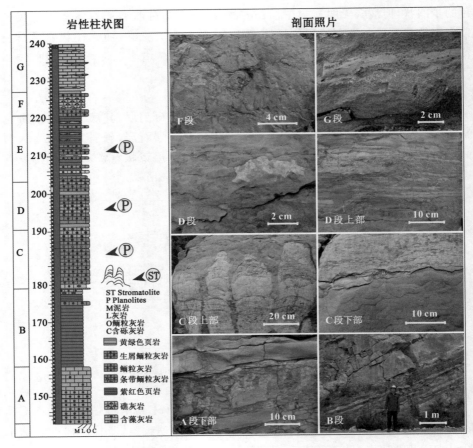

图 2-17 渑池地区寒武系馒头组三段沉积特征

层石生长速率大,且鲕粒的形成要消耗大量微生物,从而限制了叠层石的发育规模(图 2-17 中的 D 段)。

(3) 遗迹组构成因解释

由野外剖面的详细观察发现,在叠层石大量生长的层位中遗迹化石 *Planolites montanus* 极少或几乎不发育,而在上部叠层石尖灭的层位,可见遗迹化石 *P. montanus* 发育在柱形叠层石之间充填的鲕粒灰岩之中,并可观察到潜穴被柱状叠层石截切的现象[图 2-18(c)]。该现象表明叠层石的形成先于遗迹化石,造迹生物是在柱状叠层石形成之后,在柱状叠层石之间鲕粒沉积物沉积之后才开始在鲕粒沉积物中觅食的,所以潜穴到叠层石的位置便戛然而止了。叠层石的大量发育显示了相对稳定的水体,可能为鲕粒滩滩后低能环境,适宜微生物的沉淀及附着生长。

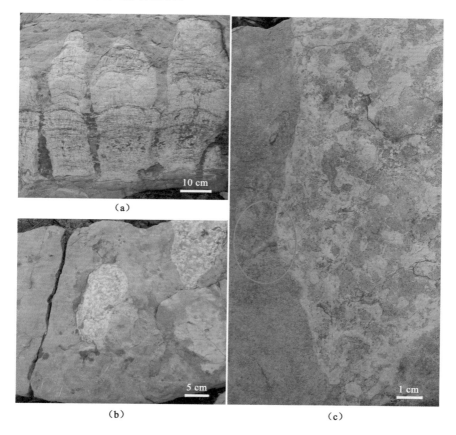

（a）*Planolites* 与大型柱状叠层石共生野外剖面照片；（b）*Planolites* 与大型柱状叠层石共生野外层面照片；（c）层面上可见 *Planolites* 被大型柱状叠层石截切。

图 2-18　渑池馒头组三段 *Planolites*-大型叠层石遗迹组构

Planolites montanus 与柱状叠层石遗迹组构的形成过程可分为以下几个阶段：

① 风暴事件将已经沉积的鲕粒薄层灰岩打断，并形成竹叶状鲕粒灰岩，较高的风暴能带来丰富的适合大量微生物生存和繁殖的有机碎屑、营养物质。② 风暴过后，水动力相对较稳定，微生物包裹在竹叶状鲕粒砾屑灰岩的上表面并生长为小型的柱状叠层石（图 2-17，A 段下部）。③ 由于环境逐渐趋于稳定，小叠层石向上逐渐连片生长成为大型的柱状叠层石，寒武纪第三世特殊的古环境状态（包括高 CO_2 分压的大气、强温室效应、高海平面峰值等）会造成生物新

陈代谢能量消耗增大、海水含氧量降低,有利于蓝细菌生长发育和钙化作用形成,但对后生动物的生活产生抑制作用(党皓文 等,2009),所以在大型柱状叠层石生长期间后生动物活动受到抑制。④ 随着水动力能量的增加,沉积环境转为适宜鲕粒生长和发育的高能鲕粒浅滩环境,并有间歇性陆源泥质的注入,从而抑制了微生物的生长和发育,开始形成夹有透镜状泥的鲕粒沉积物。⑤ 在如此极端的高能环境中,只有造迹生物 *Planolites montanus* 能够适应该环境,并开始在高能环境鲕粒沉积物中进行觅食活动,以鲕粒间的微生物团块或其他有机碎屑为食(见 2.4.3),造迹生物 *Planolites montanus* 逐渐占据了鲕粒灰岩生存空间。

2.4.3 鲕粒灰岩中的 *Planolites* 遗迹组构

Planolites 遗迹化石是一种呈水平或略倾斜分布的管状觅食潜穴(Seilacher,1964),充填物多为颗粒较细的泥或砂,充填沉积物颜色与母岩不同,它一般由食沉积动物经消化道(alimentary canal)的排泄所形成(Nicholson,1874)。

以往的报道中,*Planolites* 往往出现在细粒的泥岩或粉砂岩中(Alpert,1975;吴贤涛,1987;齐永安,2007;Yeun et al.,2012),并且 *Planolites* 通常被认为发育在剖面中较浅的阶层(Bromley et al.,1986;Wetzel et al.,1986;Savrda et al.,1987;Bromley,1990)。据前人分析,*Planolites* 主要是在风暴浪击面之下静水环境中形成的(Gibert et al.,2002),所有 *Planolites* 造迹生物是小型的蠕虫或多毛虫(Chen et al.,2012)。

而在寒武系馒头组三段以上的条带状鲕粒灰岩中,仅 *Planolites montanus* 这一种遗迹化石单一、大量地出现(图 2-19)。尽管保存在可代表高能动荡环境的鲕粒灰岩中,研究区 *P. montanus* 却形成于不易受强水动力搅动的、相对稳定的低能环境。代表低能环境的遗迹化石能够在代表高能动荡环境的鲕粒沉积物中大量发育,其造迹过程及共生关系需要我们进行更深入的研究。

(1)遗迹学特征

Planolites 潜穴呈近水平分布,与层面倾角为 0°~30°者最多,呈不规则无定向性弯曲状,既没有占优势的弯曲方向也没有明显的定向分布,可见长度为 1.5~15 cm[图 2-19(e)],多为 5~14 cm,潜穴之间有交叉和叠覆现象,但无分叉。*P. montanus* 潜穴在岩层剖面上多呈圆点状[图 2-20(a)],直径 2~5 mm,以 4~5 mm 居多。潜穴不发育衬壁,外部仅发育由厚约 1~2 mm 的深灰色鲕粒组成的暗灰色不规则似衬壁圈层[图 2-20(b)],亮晶方解石胶结,该暗色圈层与充填物分界清晰,与围岩边界模糊,且其中包含的鲕粒比周围岩石中的鲕粒

(a) 含 *Planolites montanus* 鲕粒灰岩的露头照片；(b)(c) 含 *Planolites montanus* 鲕粒灰岩的剖面照片；
(d)(e) 含 *Planolites montanus* 鲕粒灰岩的层面照片。

图 2-19　鲕粒灰岩中呈纵向和横向产出的 *Planolites montanus*

颜色更深，可能受生物矿化作用的影响(Yeun et al.,2012)；潜穴充填物与围岩颜色差别较大[图 2-20(b)]，充填物为土黄色的泥质充填，局部充填少量的鲕粒，且并无潜穴坍塌现象，可见该潜穴充填物属主动充填形成的进食迹，充填物是生物进食过程中消化的产物，而非直接来源于上覆岩层或母岩。

生物扰动指数：参照 Taylor 等(1993)提出的生物扰动等级划分方案，豫西渑池寒武系馒头组鲕粒灰岩中共发育三个扰动等级(图 2-21)(图 2-22)。发育鲕粒灰岩的层位几乎全部被后生动物扰动过，以 BI＝2 的生物扰动强度为主，

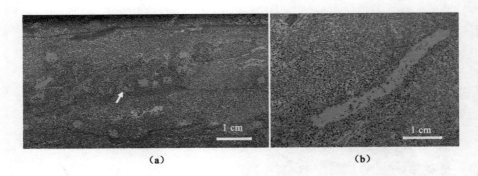

1—*P. montanus* 在剖面上多呈圆点状；2—剖面上呈长条状的 *P. montanus*。

图 2-20　遗迹化石野外剖面照片

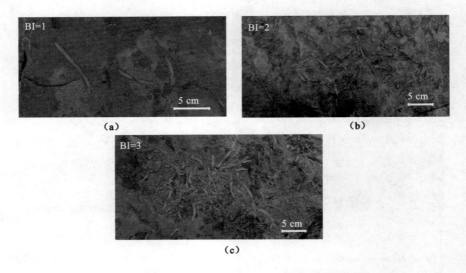

图 2-21　渑池地区鲕粒灰岩生物扰动指数划分

[注：BI(Bioturbation index)为生物扰动指数]

部分层位扰动指数可达到3(图2-22)。后生动物的扰动改造并没有破坏所有的层理，物理改造和生物扰动对沉积物的最终形成均具有重要的作用。

(2) 沉积学特征

豫西寒武系第三统馒头组灰岩鲕粒含量在75%以上，分选好、磨圆度高，是鲕粒滩内部受水动力条件改造最强烈的区域。

馒头组上部鲕粒：灰岩中的鲕粒呈圆状至极圆状，粒度极小(0.4~0.6 mm)且

2 渑池地区遗迹化石

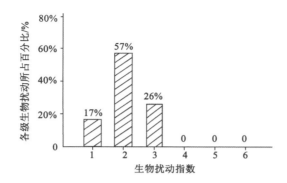

图 2-22　渑池地区鲕粒灰岩生物扰动等级直方图

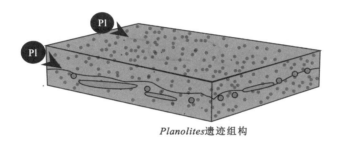

图 2-23　鲕粒灰岩中的 *Planolites* 遗迹组构模式图

稳定,以同心鲕粒、微晶鲕粒和白云化鲕粒为主,鲕粒含量高达 70% 以上(表 2-1)。鲕粒风化面触感粗糙[图 2-24(a)(b)(c)],鲕粒内部结构均匀,结构成熟度高,鲕粒颗粒之间通常呈点接触,颗粒间为亮晶胶结[图 2-24(d)(e)],有时可见 2 或 3 期亮晶方解石胶结物,世代明显。鲕核极小($10 \sim 50\ \mu m$),通常鲕核直径占鲕粒直径 1/10 以下,以砂屑、生物骨屑及不明质点微粒为主,片状生屑鲕核少见,很少见到大而明显的鲕核物质。持续的高能环境加剧了生屑及内碎屑等主要成核物质的破碎及磨蚀程度,使得偏小的鲕核物质对鲕粒形态的影响程度大大降低,因而鲕粒粒径也就更小,自形程度更高;此外,持续搅动的水体一方面使鲕粒有更多的悬浮生长时间,令鲕粒各个方向得到均衡的生长机会,另一方面也加剧了鲕粒等颗粒之间的磨蚀作用,提高了鲕粒的圆度,生成大鲕粒也就变得困难。因此,馒头组上部厚层鲕粒灰岩形成于高能鲕粒滩环境。

表 2-1　馒头组三段中、上部含 *Planolites* 鲕粒及生屑特征

含量		鲕粒形态	壳层的微组构	鲕核组构
同心鲕粒	54%～78%	直径 0.4～0.6 mm，浑圆形，分选差，以次圆状为主，多被白云石颗粒充填	单向延长的晶体沿径向生长，最外层为 1～2 层的同心层	内碎屑角砾生屑砂屑
放射-同心鲕粒	5%～19%		厚的明亮层与暗层相间包裹，同心层为 2～5 层	
白云化鲕粒	9%～74%		鲕粒被方解石颗粒充填，缺乏纹理构造，鲕核不明显	
生物碎屑	5%～8%	生物骨屑直径为 0.1～0.5 mm，高度破碎，磨蚀程度高，分选差		

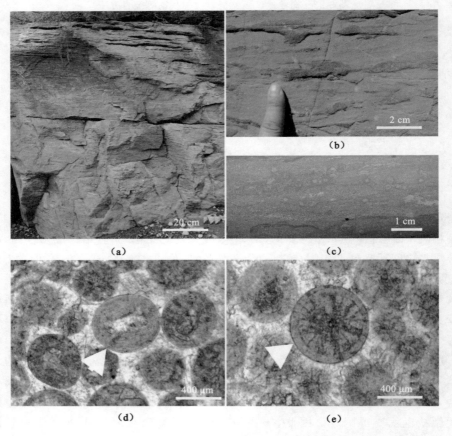

(a)(b)(c) 含 *Planolites* 鲕粒灰岩的野外照片；
(d)(e) 鲕粒灰岩显微镜照片，鲕粒间为纯净的亮晶方解石胶结(单偏光，放大 50 倍)。

图 2-24　豫西登封馒头组三段鲕粒灰岩沉积特征

(3) *P. Montanus* 遗迹组构成因解释

底栖生物较常见的觅食方式有食沉积物和碎屑、食悬浮物及滤食等。Mángano(2004)认为,阿根廷西北部下至中寒武统 Campanario 组中所发现 *Planolites* ichnosp. 等遗迹造迹生物均采取食沉积/碎屑的觅食方式,主要以小型底栖动物、底栖细菌、海底碎屑物质及浮游植物疑源类等为食。

豫西寒武系第三统馒头组三段整体呈现出微生物岩与鲕粒灰岩交互发育的特征,鲕粒灰岩中的 *P. montanus* 遗迹化石丰度由下向上逐渐增多,在有微生物岩发育的层位 *P. montanus* 含量较少,遗迹化石与微生物岩呈负相关关系。通过对馒头组三段顶部含遗迹化石较少的鲕粒灰岩进行显微镜观察发现,鲕粒之间除了亮晶方解石胶结物之外,还有大量深黑色的藻团块[图 2-25(a)(b)(d)],在镜下放大 100～200 倍可清晰地看到呈空心具钙质胶鞘的丝状体,管内为微亮晶方解石,丝状体通常为弯曲状,无分叉现象,直径均一,丝状体管直径为 20～25 μm,管壁厚约 2～3 μm,可见最大长度为 800～1 000 μm,管内无分节结构,常交错在一起形成一定规模的团块或缠绕呈团状或条带状,有时也会呈圈状排列或成排排列,丝状体可以游离状态分布于岩石中,但本研究区样品中更常见的是相互缠绕成各种大小不同、形状不规则的团块。以上特征表明此为蓝细菌类的葛万菌(*Girvanella*)。

由于对周围细小沉积物颗粒的捕获和吸附作用,葛万菌在鲕粒沉积物中以不规则缠绕生长的深灰黑色团块状[图 2-25(a)(b)(d)(e)(g)(h)]出现,也有少量呈缠绕状附着在生物介壳的表面生长[图 2-25(e)(f)]。在其被埋藏之后,蓝细菌活性减弱而不能进行繁殖,沉积物中的蓝细菌停止捕获周围细小沉积颗粒,并以不规则块状的形态与鲕粒共存。通过显微镜观察,在豫西寒武系第三统馒头组含大量 *P. montanus* 遗迹化石的鲕粒灰岩样品中,鲕粒颗粒之间均为较纯净的亮晶方解石胶结,较少或者几乎不含泥质或碎屑沉积物,而潜穴充填物为灰黑色的极细粒灰泥。显微镜下观察潜穴充填物,可隐约看见大量疑似的葛万藻丝体[图 2-26(a)(b)(c)],丝体长度较短(不大于 200 μm),说明丝体受到了后生动物的咀嚼作用而被切断。丝体表面有 2～5 μm 厚的深灰色管壁,丝体直径约 20～25 μm,部分鲕粒以葛万藻丝体为核心生长[图 2-26(d)(e)],可见丝体呈平行排列及串珠状。在扫描电镜下观察潜穴充填物,发现潜穴充填物中含有少量钙化的蓝细菌化石[图 2-26(f)(g)]。

对潜穴充填物及围岩中鲕粒及其亮晶方解石胶结物进行能谱分析,测得鲕粒间方解石主要成分为 $CaCO_3$,并含有少量的镁,这主要与海水胶结作用形成低镁方解石有关(图 2-27)。潜穴充填物除了钙镁碳酸盐之外,还有大量的 Fe 的氧化物出现[图 2-27(a)],这可能是 Fe 在微生物作用下发生生物矿化作用的

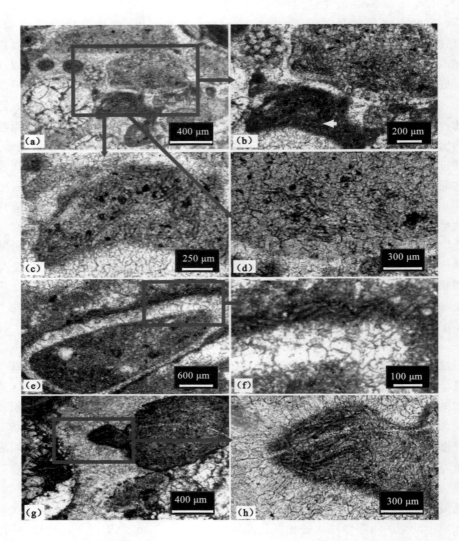

(a)鲕粒之间的葛万菌团块,放大 50 倍(单偏光);(b)照片(a)放大 10 倍(单偏光),不同期次形成的葛万菌团块,较早期葛万菌团块(黑色箭头)已经部分被方解石化,较晚期葛万菌团块(白色箭头)仍然呈深黑色灰泥质,二者均可见到明显的菌丝体;(c)较晚期葛万菌团块,对应(b)图白色箭头所指部分,放大 200 倍,单偏光;(d)对应(b)图黑色箭头所指部分,放大 200 倍,单偏光;(e)(f)软舌螺表面附着葛万菌丝体,放大 100 倍,单偏光;(g)深灰色灰泥质葛万菌团块,放大 50 倍,单偏光;(h)照片(g)放大 200 倍,单偏光。

图 2-25 鲁山地区寒武系馒头组三段鲕粒间的微生物

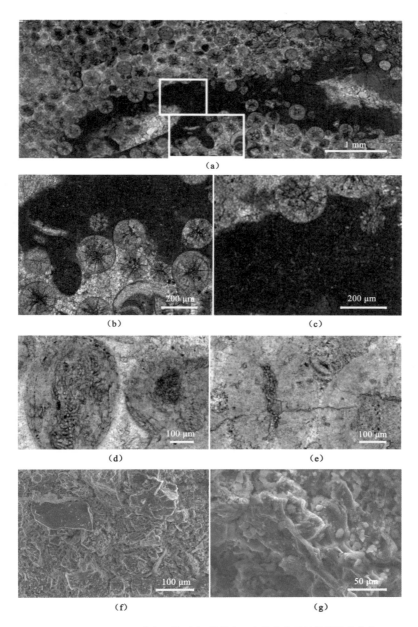

(a)(b)(c) *P. montanus* 潜穴显微照片(单偏光)，充填物中可见疑似的丝状体；
(d)(e) 围岩中以葛万藻团块为核心的鲕粒(单偏光)，放大100倍；
(f)(g) 潜穴充填物的扫描电镜照片，可见少量藻丝体，且发生钙化。

图 2-26 *Planolites montanus* 及鲕粒的显微特征

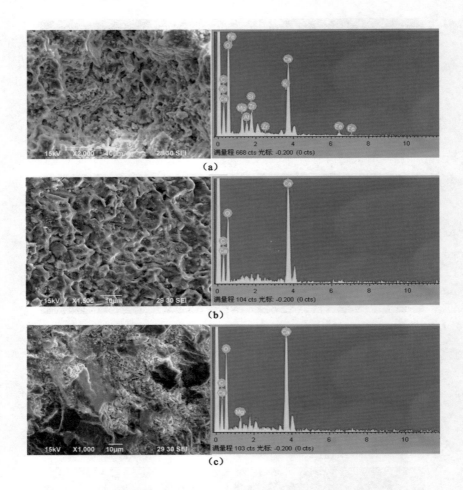

(a)潜穴充填物；(b)鲕粒表面；(c)鲕粒间方解石胶结物。

图 2-27 *Planolites montanus* 充填物及围岩的能谱分析

结果(Yeun et al.,2012)，而鲕粒表面主要成分为 $CaCO_3$ 及钙质[图 2-27(b)]。其基质为黏土矿物成分，钾元素的大量出现可能与沉积物中有机质含量的增多有关，一般泥页岩中钾的含量较高，且钾浓度增加则有指向近岸物源区的趋势[图 2-27(c)]。分析潜穴充填物的来源可能是比较靠近物源的地方，而鲕粒形成时的文石、方解石经成岩作用后均胶结成为方解石胶结物，鲕粒之间充填的海水经胶结作用最终形成低镁方解石。

鲕粒沉积物中鲕粒空隙之间蓝细菌的大量出现，并且发现了以蓝细菌为核心的鲕粒，这些现象均表明在鲕粒沉积时期周围富含大量的微生物。而到了寒武系第三统馒头组顶部，水体逐渐加深，变为高能开阔台地鲕粒滩环境。在该环境中，后生动物逐渐占据了鲕粒沉积物中的生存空间，后生动物以捕获沉积物中的微生物来获取所需营养。后生动物在鲕粒沉积物中均匀反复地觅食导致鲕粒之间原本沉积的微生物几乎被觅食干净，所以该时期鲕粒空隙之间均充填为纯净的亮晶方解石。

结合镜下观察，潜穴充填物为含蓝细菌的灰泥质沉积物，与在鲕粒之间所发现的深灰黑色灰泥质蓝细菌团块极为相似，再加上潜穴充填物中蓝细菌化石的发现，很好地证明了 *Planolites* 造迹生物以蓝细菌为食，吞食并咀嚼灰泥质蓝细菌团块之后将未消化完全的灰泥及蓝细菌碎屑排出体外，从而形成了主动充填的 *Planolites* 遗迹化石。

3 鲁山地区遗迹化石

3.1 区域地质

鲁山地区属于豫西分区的灵宝-鲁山小区,下伏地层为东坡组。寒武系第二统的辛集组普遍含磷,局部富集成矿,含小壳动物化石。馒头组一段主要岩性为灰白色藻纹层灰岩夹薄层土黄色泥灰岩;馒头组二段主要岩性为紫红色页岩夹数层薄板状鲕粒灰岩;馒头组三段下部以浅灰色含核形石灰岩为主,向上发育厚层鲕粒灰岩夹透镜状泥质条带;张夏组较薄。三山子组底界为张夏阶中部,顶界到上统崮山阶,上统发育不全,上覆地层为石炭系,总厚570~805 m。

鲁山地区馒头组地层实测如下。所绘该组地层柱状图如图3-1所示。

寒武系第三统

馒头组三段   14.45 m

16 砾屑层   0.5 m

15 藻纹层核形石灰岩   0.3 m

14 灰白色凝块岩,中间偶尔夹土黄色薄层条带   0.3 m

13 含鲕粒生物碎屑灰岩,局部相变为核形石   0.2 m

12 浅灰白色柱状叠层石,中间夹有含生物碎屑砂屑灰岩,含少量土黄色泥岩,生物介壳表面裹有藻纹层,但较薄   1.5 m

11 藻纹层核形石,核心均为生物介壳,核形石外包裹的藻纹层厚约1~2 mm,中间夹四层土黄色薄层泥质条带,泥质条带中核形石呈黑色,灰岩中核形石可见明显的白色藻纹层   1.2 m

10 浅灰白色凝块岩   0.4 m

9 灰色生物介壳鲕粒灰岩夹土黄色泥质条带,泥质条带中的鲕粒个体较灰岩中鲕粒大,呈黑色   3 m

8 浅灰白色藻灰岩(凝块岩)   1 m

7 含生物介壳鲕粒灰岩中间夹有少量叠层石碎块,偶可见生物介壳外部生长较薄的藻纹层,但不生成核形石   0.8 m

3 鲁山地区遗迹化石

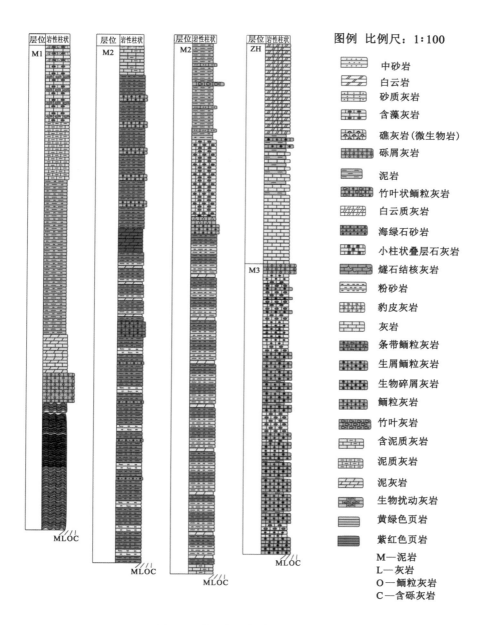

图 3-1 豫西鲁山馒头组地层柱状图

6 浅灰色核形石灰岩,发育藻纹层包裹介壳的核形石,圆度较好　　0.2 m
5 浅灰色含生物介壳的鲕粒灰岩,含透镜状泥质条带,部分鲕粒灰岩中发育
　　有斑块状灰白色叠层石灰岩　　　　　　　　　　　　　　　　3.5 m
4 浅灰白色凝块岩　　　　　　　　　　　　　　　　　　　　　0.4 m
3 浅灰色核形石灰岩,生物介壳外包裹藻纹层,中间夹薄层泥,泥中的生物
　　介壳不发育藻纹层　　　　　　　　　　　　　　　　　　　0.35 m
2 灰色含生物介壳鲕粒灰岩,鲕粒直径2 mm　　　　　　　　　　 0.3 m
1 灰色生物介壳层中发育不连续灰白色丘状叠层石灰岩　　　　　　0.5 m

馒头组二段　　　　　　　　　　　　　　　　　　　　　　总厚80.7 m

13 黄绿色粉砂质黏土岩夹薄板状粉砂质砂屑灰岩,中间夹有浅灰色竹叶状
　　砾屑灰岩,内部为砂屑　　　　　　　　　　　　　　　　　　4 m
12 浅灰白色薄层藻灰岩　　　　　　　　　　　　　　　　　　　4 m
11 灰色中厚层砂屑灰岩　　　　　　　　　　　　　　　　　　　0.4 m
10 灰色中厚层鲕粒灰岩　　　　　　　　　　　　　　　　　　　0.5 m
9 暗紫色泥质粉砂岩与黄绿色泥质粉砂岩互层,夹薄层泥晶灰岩　　17 m
8 黄绿色薄板状含泥质细晶灰岩　　　　　　　　　　　　　　　2 m
7 暗紫色泥质粉砂岩夹鲕粒灰岩　　　　　　　　　　　　　　　8 m
6 灰褐色中厚层板状含泥质泥晶灰岩,产三叶虫　　　　　　　　1.2 m
5 暗紫色泥质粉砂岩夹黄绿色泥质粉砂岩及薄板状泥晶灰岩　　　3.6 m
4 灰红色含藻鲕粒灰岩　　　　　　　　　　　　　　　　　　　0.8 m
3 暗紫红色泥质粉砂岩夹含钙粉砂岩,含大量白云母片及少量海绿石 36 m
2 暗紫红色泥质粉砂岩夹含钙粉砂岩,含大量白云母片及少量海绿石 2 m
1 黄绿色泥质粉砂岩　　　　　　　　　　　　　　　　　　　　2 m

寒武系馒头组一段

馒头组一段　　由于露头条件限制,仅测得馒头组一段部分层位　总厚25 m

7 浅黄色或肉红色纹层状藻灰岩,顶部夹几层藻灰岩砾屑层　　　4 m
6 浅黄色厚层泥灰岩　　　　　　　　　　　　　　　　　　　　3 m
5 浅肉红色粉砂质泥岩　　　　　　　　　　　　　　　　　　　8 m
4 土黄色泥灰岩与薄板状灰岩互层　　　　　　　　　　　　　　2 m
3 深灰色砾屑灰岩与土黄色薄层泥互层　　　　　　　　　　　　1.5 m
2 浅灰色波状叠层石　　　　　　　　　　　　　　　　　　　　0.5 m
1 浅灰色藻纹层微晶灰岩　　　　　　　　　　　　　　　　　　6 m

　　　　　　　　　　　　　　　　　　　　　　　　　　整合

下伏地层　朱砂洞组白云岩

3.2　遗迹化石

灯塔迹属 *Beaconichnus* Gevers,1973
灯塔迹 *Beaconichnus* ichnosp.

描述　遗迹保存于土黄色钙质泥岩表面,由密集的短且细的弧形抓痕所组成,单个抓痕长度较短,最长不超过 3 mm,宽度极细,约 0.5～1 mm。抓痕向下凹,深度较浅,为 0.5～0.8 mm 深。遗迹化石总长最大可达 15～20 cm,宽约 2 cm。可见抓痕呈短弧形延一个中心向四周呈辐射状排列,也有些短弧呈近平行纵向排列,详见图 3-2。

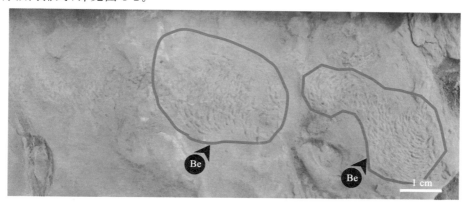

图 3-2　*Beaconichnus* ichnosp. 的野外照片
(土黄色钙质泥岩层面上发育的 *Beaconichnus* ichnosp.,产于豫西鲁山寒武系馒头组二段；Be 为 *Beaconichnus* ichnosp)

讨论　*Beaconichnus* 的原名为产于南极南维多利亚达尔文山脉(Darwin Mountains,South Victoria Land)泥盆系灯塔砂岩(Beacon Sandstone)下部的节肢迹,该类遗迹是三叶虫的不定向活动形成的,因其与产于同层位的小灯塔迹模式标本南极小灯塔迹 *Beaconites antarcticus* Vyalov,1962 相似。本书出现的 *Beaconichnus* 与模式种还有一些差异,故定为未定种。

产地层位　豫西鲁山寒武系馒头组二段中部。

贝尔高尼亚迹属 *Bergaueria* Crimes et al.,1977
半球形贝尔高尼亚迹 *Bergaueria* aff. *hemispherica* Crimes et al.,1977

描述 简单的柱塞状潜穴,垂直于层面,潜穴中间部分缺失或被埋于沉积物中,直径 4~6 mm,保存在细至极细的砂岩中,保存为底面正型(图 3-3)。

讨论 Pemberton 等(1990)曾经讨论过柱塞状潜穴,如 *Bergaueria* 和 *Conostichus* Lesquereux,1876。*Bergaueria* 通常被认为是角海葵类的休息迹(停息迹)或居住构造(居住迹)(Pemberton et al.,1990)。垂向上的重复出现显示了均衡构造(对沉积物沉淀后退式的缓慢调整)或逃逸构造(对幕式沉降作用的后退式逃逸反应,特别是大型的风暴沉积)。

产地层位 河南鲁山寒武系馒头组二段紫红色泥岩。

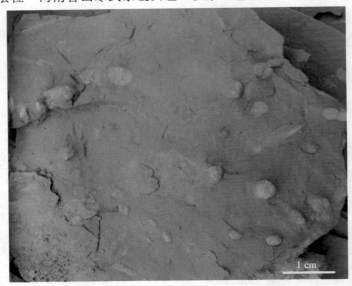

图 3-3 *Bergaueria* aff. *hemispherica* 样品照片
(*Bergaueria* aff. *hemispherica*,河南鲁山寒武系馒头组二段)

双菌迹属 *Bifungites* Desio,1940
非赞双菌迹 *Bifungites fezzanensis* Desio,1940

描述 遗迹化石呈哑铃形,长 1~1.2 cm,两端呈半圆形,潜穴中间部分直径为0.2~0.3 cm,两端直径为 4 mm,多为底面凸起,产于粉砂岩下层面,详见

图 3-4。

讨论　该遗迹为生物的居住潜穴,但造迹生物不明。

产地层位　鲁山馒头组二段。

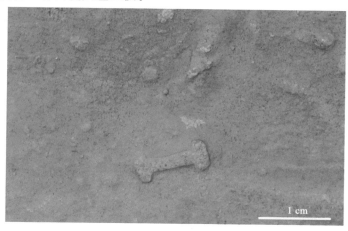

图 3-4　*Bifungites fezzanensis* 的样品照片
(肉红色砂岩中发育的 *Bifungites fezzanensis*,鲁山馒头组二段)

双趾迹(未定种)*Diplichnites* ichnosp. 1

特征　遗迹一般保存在含三叶虫碎片的钙质泥岩表面,该遗迹整体呈圆环状,圆环直径 5 cm,宽约 8 mm,遗迹发育与其长轴平行的抓痕 4～6 个,抓痕沿遗迹延伸方向延长[图 3-5(a)]。

讨论　*Beaconichnus* 是三叶虫不定向运动时所形成的痕迹,*Diplichnites* 则是由于三叶虫的定向移动形成,对比得知该遗迹更像三叶虫横向运移旋转时所形成。也有可能源于三叶虫的捕食或求偶行为。

产地层位　河南鲁山寒武系馒头组二段

双趾迹(未定种)*Diplichnites* ichnosp. 2

描述　遗迹保存在含三叶虫介壳的钙质泥岩表面,最大长度可达 20 cm,宽 2 cm,由一系列略弯曲的短弧形凹槽组成,痕迹弯曲方向一致,深度均等,单个印痕长度基本相同,长度为 2～3 mm,根据其特征定名为 *Diplichnites* ichnosp. 2[图 3-5(b)(c)]。

讨论　该遗迹属与 *Beaconichnus* ichnosp.(图 3-2)的共同特点为均由细且短小的弧形节肢动物抓痕所组成,区别在于遗迹化石 *Beaconichnus* ichnosp. 中

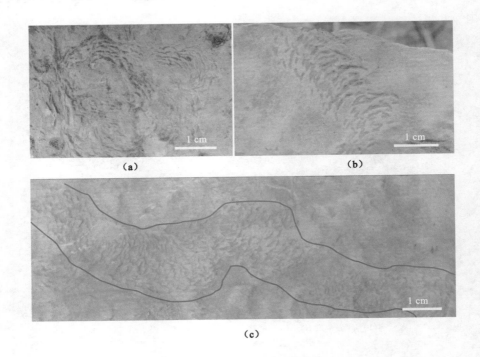

(a) *Diplichnites* ichnosp. 1；(b)(c) *Diplichnites* ichnosp. 2。

图 3-5 鲁山寒武系馒头组钙质泥岩表面发育的 *Diplichnites* ichnosp. 样品照片

的短弧形抓痕以同一个圆心为轴呈辐射状向四周分布，横向宽度较宽，一般为 4～6 cm，遗迹整体较短，一般呈扇形；而 *Diplichnites* 的短弧则整体接近平行，遗迹宽度约 2 cm，长度可达 15～20 cm，整体呈等宽度、较长的微弯曲轨迹。这种抓痕排列方式与杨式溥等（1991）在河南鲁山辛集徐庄组所鉴定的 *Diplichnites* ichnosp. 平行的两列抓痕排列方式相似，但抓痕长度上有较大差别，抓痕形态及数量分布也有差别，固定为未定种。

产地层位　鲁山寒武系馒头组二段。

古藻迹属 Palaeophycus Hall,1852
条纹古藻迹 Palaeophycus striatus Hall,1852

描述　豫西鲁山中寒武统的 *Palaeophycus striatus* 遗迹化石主要保存在钙质泥岩中，柱形潜穴充填，充填物与围岩差别不大，潜穴微弯曲，不发育分支，管径 0.5～0.8 cm，长可大于 7 cm，外表纵纹常保存为底迹（图 3-6）。

讨论　该遗迹种的显著特征是潜穴表面具纵纹，与 Pemberton 等（1982）所

(a) 发育纵向抓纹的 *Palaeophycus striatus*（鲁山寒武系馒头组一段）；
(b) *Palaeophycus striatus* 水平层面照片（鲁山寒武系馒头组一段）。

图 3-6　*Palaeophycus striatus* 剖面照片

定义的 *P. striatus* 特征相同。造迹生物则多采取食悬浮的觅食方式，主要以捕食海水中的各种浮游生物为食。

产地层位　河南鲁山寒武系馒头组二段。

棋盘山迹属 *Qipanshanichnus* Luo et Tao, 1994
棋盘山迹 *Qipanshanichnus gyrus* Luo et Tao, 1994

描述　该遗迹仅在豫西寒武系馒头组二段土黄色钙质泥岩表面发育，为平行层面分布的节肢动物爬迹，遗迹宽 20 mm，保存长度 55 mm，表面分布为密集的环圈脊，环圈直径 20 mm，呈螺旋式排列，推测可能是觅食动物旋转所造成（图 3-7）。

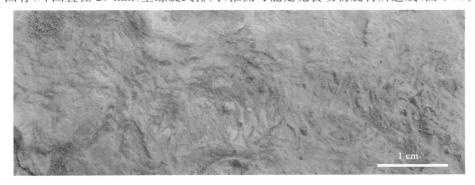

图 3-7　*Qipanshanichnus gyrus* 层面照片
（黄绿色钙质泥岩表面发育的 *Qipanshanichnus gyrus*，产于河南鲁山寒武系馒头组二段）

讨论　本研究区所发现的遗迹多由半圆形附肢爬痕组成,形似三叶虫的头甲,并且与该遗迹共生的还有其他类型的节肢动物足迹。该遗迹种形态与模式种 *Qipanshanichnus gyrus* Luo et Tao,1994 极为相似,故定名为同一个种,但由于模式种是近圆形痕迹,而本研究区所发现的是半圆形痕迹,所以还需进一步分析确定。

产地层位　河南鲁山寒武系馒头组二段黄色钙质页岩。

3.3　遗迹组构

3.3.1　*Beaconites* 遗迹组构

（1）遗迹学特征

Beaconites 遗迹化石发育在馒头组一段下部及中部的紫红色泥岩及黄绿色泥岩表面,主要由 *Beaconites* 一种遗迹化石组成。

馒一段底部岩性以紫红色页岩与黄绿色页岩薄互层为主,*Beaconites* 发育的泥岩表面发育干裂暴露标志,为间歇性暴露的固结底质,遗迹化石仅在沉积物浅表扰动,且扰动量极低(图 3-8),化石边界较清晰,且短小,部分潜穴可见发育有回填纹。化石直径 1.5 mm,长 3～12 mm,上部钙质泥岩层之上发育的化石细小,直径 1 mm,长 5 mm;中部化石稍大,直径 1 mm,长 1 cm;下部直径 2～3 mm,长 1 cm,与泥裂相伴生,并切穿干裂,说明干裂形成在遗迹化石之前。整体上遗迹化石长度逐渐变短,扰动程度逐渐减小,显示了由下向上底质固结程度的增加,限制了生物的造迹活动。

馒一段中部岩性为紫红色页岩与紫红色砂屑鲕粒灰岩相交互出现。*Beaconites* 主要发育在紫红色页岩层中(图 3-9),潜穴较馒一段下部的大,且延伸长度增大,扰动程度也有较大程度的提高。潜穴呈近水平或与岩层面略斜交分布,与层面一般呈 0°～30°交角。潜穴长度 2～5 cm,直径 2～5 mm,具新月形回填纹,潜穴边缘有极薄的衬壁,约 0.5～1 mm 厚。从剖面上看,潜穴扰动程度较低,可以看见岩层层理面[图 3-10(a)],而从平面上看,潜穴扰动程度剧烈,BI＝4～5[图 3-10(b)]。紫红色泥岩上出现的 *Beaconites* 发育有新月形回填纹,潜穴形态不规则,大多数形态模糊,代表了造迹生物在软底沉积物之上活动形成的遗迹化石;而黄绿色粉砂质泥岩表面出现的 *Beaconites* 个体较紫红色泥岩上的遗迹化石小,且潜穴边缘较为清晰,潜穴边缘较为平直,发育回填纹。以上特征显示,黄绿色粉砂质泥岩要比紫红色泥岩固结程度稍微高一些,因此形成了潜穴形态较为清晰的 *Beaconites antarcticus* 遗迹化石[图 3-8(d)(e)]。

(2) 遗迹组构成因解释

Beaconites antarcticus 造迹生物将沉积物搬运到其身体附近，当沉积物被吞咽并经过生物的身体排泄时，沉积物受到机械性的操控而易于形成新月形回填纹。回填构造是由生物对其前部疏松沉积物的主动控制，当向后搬运或者是生物向前移动的时候沉积物经由其身体在其体后再沉积形成的。

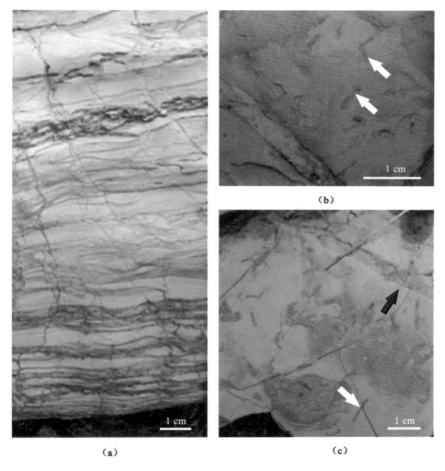

(a) 肉红色粉砂质泥岩与灰黄色泥岩薄互层，可见脉状层理；
(b)(c) 固结底质上发育短小 *Beaconites*（白色箭头）和泥裂（黑色箭头）；
(d)(e) 发育新月形回填纹的 *Beaconites*。

图 3-8 渑池馒一段下部 *Beaconites* 遗迹组构

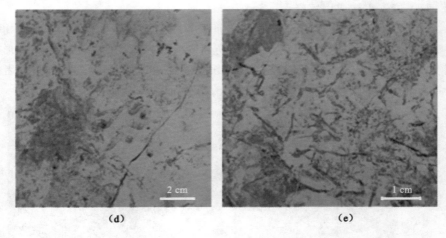

图 3-8（续）

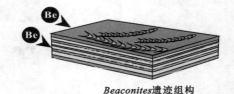

图 3-9 *Beaconites* 遗迹组构模式

Beaconites 造迹生物生活在潮坪环境中的泥质沉积物表面或较浅处，且由于沉积环境的不同，*Beaconites* 造迹生物所形成的潜穴形态不相同。馒一段底部发育泥裂的紫红色泥岩处于潮上带或潮间带上部的暴露环境，底质由于脱水而相对固结，因此所形成的潜穴回填纹不发育，潜穴边界清晰。固底底质已经具有一定的硬度和黏结性，这对造迹生物的向下掘穴起到了阻碍作用，因此造迹生物仅在浅表面形成形态清晰的等径潜穴，潜穴水平分布于沉积物表面，对沉积层理没有扰动。

而馒一段中部紫红色泥岩与薄层泥质粉砂岩互层沉积环境为潮间砂泥混合坪环境，沉积物多处于水下环境，底质为软底，*Beaconites* 造迹生物在软底的泥质沉积物中进行造迹活动并形成具新月形回填纹的潜穴，并且潜穴为近水平或微倾斜分布，在剖面上可看到部分潜穴倾斜向下延伸，对沉积层理有一定的扰动作用。

3.3.2 *Beaconichnus-Diplichnites* 遗迹组构

Beaconichnus-Diplichnites 遗迹组构仅在鲁山地区馒头组二段黄绿色钙质

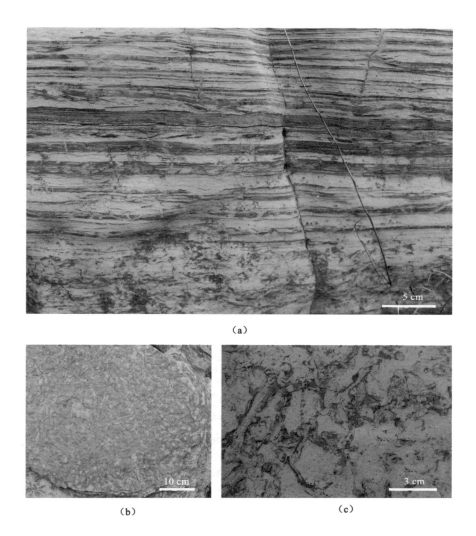

图 3-10　豫西渑池地区馒头组一段中部 *Beaconites* 遗迹组构野外剖面及层面照片

泥岩的表面发育。

（1）遗迹学特征

Beaconichnus-Diplichnites 遗迹组构主要包括 *Beaconichnus* ichnosp.、*Qipanshanichnus gyrus*、*Diplichnites* ichnosp. 1 和 *Diplichnites* ichnosp. 2 等节肢动物抓痕遗迹化石和带有纵向抓痕的 *Palaeophycus striatus* 遗迹化石 [图 3-11(g)(h)]。这些抓痕遗迹化石仅在沉积物的浅表面发育，不会向下破坏

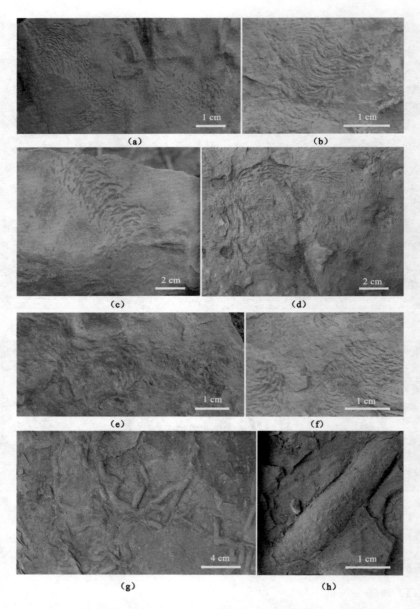

(a) *Beaconichnus* ichnosp. ;(c) *Diplichnites* ichnosp. b;
(d) *Diplichnites* ichnosp. 1;(b)(f) 未命名节肢动物抓痕;
(e) *Qipanshanichnus gyrus*;(g)(h) *Palaeophycus striatus*。

图 3-11 豫西鲁山地区寒武系馒头组二段中至上部碎屑岩中的节肢动物抓痕

沉积岩层的层理面。抓痕在层面上的扰动指数约为 2～3，扰动较为强烈，单个抓痕一般较短且细，最大长度约 1 cm，最短只有 2 mm[图 3-11(c)(f)]，单个抓痕宽度极窄，约 0.2～1 mm。遗迹化石数量丰富、分异度极高，这些不同的遗迹化石有可能均为同一造迹生物（三叶虫等）所造。不同的抓痕遗迹化石极有可能是同种生物不同的单一或反复的运动方式而造的。

Palaeophycus striatus 遗迹化石水平发育于沉积物-水界面之下几厘米处，潜穴直径 8～10 mm，有分叉，在层面上呈树枝状密集分布于岩层面，不发育衬壁，潜穴壁上可见纵向竖条抓痕。该遗迹化石在钙质泥岩水平层面上的扰动强烈，BI＝2～3[图 3-11(g)]。其纵向抓痕的出现及不发育衬壁等特征显示了其沉积底质为固结性底质。

（2）沉积学特征

发育该遗迹组构的馒头组二段，下部主要以暗紫红色泥质粉砂岩夹含钙粉砂岩，含大量白云母片及少量海绿石，中部主要为暗紫红色泥质粉砂岩夹黄绿色钙质泥岩，上部为暗紫红色泥质粉砂岩夹薄层的鲕粒灰岩（图 3-12）。笔者通过野外露头观察，仅在馒头组二段中部的黄绿色钙质泥岩中发育 *Beaconichnus-Diplichnites* 遗迹组构。其他层位由于露头条件限制，不能很好地观察。发育遗迹组构的该段沉积物颜色呈黄绿色，主要为土黄色钙质泥岩与泥质粉砂岩薄互层，岩层发育脉状层理。

整体的沉积特征显示了由下向上水动力发生震荡变化、整体水体逐渐加深的特征，沉积环境为潮间带砂泥混合潮坪环境。

（3）遗迹组构成因解释

Diplichnites 最早被认为是大型蠕虫或甲壳类的遗迹，而后来越来越多的人认为是三叶虫直线穿过沉积物表面时留下的足迹（Hantzschel，1976）。随着三叶虫移动速度的加快，其所造痕迹也逐渐由 *Rusophycus*（皱形迹）过渡为 *Cruziana*，然后过渡为 *Diplichnites*（Crimes，1970）。*Beaconichnus* 被认为是三叶虫类节肢动物铲掘留下的痕迹，它与 *Diplichnites* 的差别在于，*Diplichnites* 是三叶虫的定向移动形成的单向运动痕迹，而 *Beaconichnus* 可能是三叶虫多次在同一个地方重复爬行或者是多个三叶虫先后从同一个地方爬过而形成的。因此，*Beaconichnus* 到 *Diplichnites* 的转变显示了三叶虫由不定向爬行变为定向爬行。

根据 Gevers 等（1973）对 *Beaconichnus darwinum* 形成的解释，认为可能是三叶虫类的节肢动物铲掘留下的痕迹。*Beaconichnus* ichnosp. 遗迹可能由一个三叶虫在来回缓慢爬行过程中，后来爬行到定向爬行的肢痕扰乱了原先的肢痕或数个三叶虫先后在同一地方爬行过而形成，当一个三叶虫继续向前爬行时形

层位	岩性柱状		沉积特征	沉积环境
M2 鲁山寒武系馒头组二段，总厚80 m	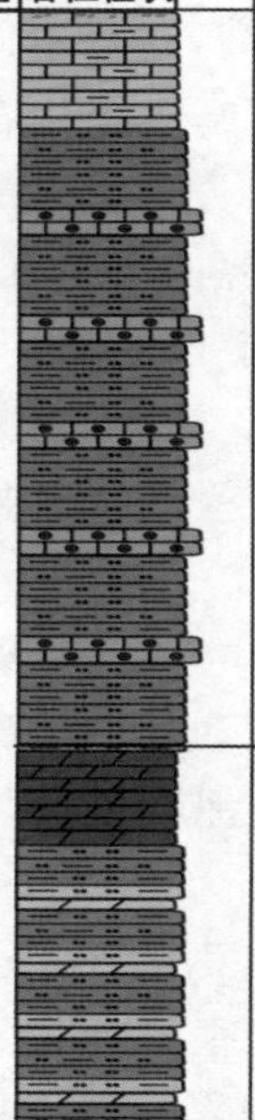	上段	暗紫红色泥质粉砂岩夹薄层鲕粒灰岩，鲕粒灰岩呈肉红色，显示了氧化环境，鲕粒颗粒较大，鲕粒直径以2~3 mm居多。	水体能量较高的潮间带下部
		中段	暗紫红色泥质粉砂岩夹黄绿色钙质泥岩。黄绿色钙质泥岩中发育小三叶虫实体化石，层面上发育大量节肢动物爬痕。	水体能量较低的潮间带上部
		下段	以暗紫红色泥质粉砂岩夹钙质粉砂岩，含大量白云母片及少量海绿石。局部紫红色泥岩发育泥裂，紫红色页岩中发育大量的 *Planolites*，充填物含大量的白色云母，潜穴直径约3 mm。	水体能量较低的潮间带上部

M L O C

鲕粒灰岩　紫红色页岩　钙质泥灰岩　粉砂岩　海绿石砂岩　灰岩

图 3-12　鲁山馒二段主要沉积特征

成 *Diplichnites* ichnosp.，所以从 *Beaconichus* ichnosp. 到 *Diplichnites* ichnosp. 的改变过程指示了三叶虫行动方式从不定向爬行到定向爬行的改变（图 3-13）。其他 *Diplichnites* ichnosp. 可能由三叶虫的不同行为而造，例如由旋转[图 3-11(d)]或其他行为方式造成其附肢在沉积物表面的运动方向改变而形成。

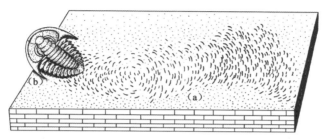

（a）*Redlichia* 先形成的 *Beaconichus* ichnosp.；(b) *Redlichia* 正在形成 *Diplichnites* ichnosp.。

图 3-13　*Beaconichus* ichnosp. 和 *Diplichnites* ichnosp. 的成因解释示意图（引自李越，1999）

这些纤细而清晰的抓痕遗迹化石能够得以保存，得益于底质的固底沉积物。该遗迹组构所发育的土黄色钙质泥岩应为固底底质，由于其沉积环境整体为潮坪沉积，沉积物呈现黄绿色，这显示了处于氧化还原界面之下的潮间带下部，沉积物会间歇性地暴露于地表，但海平面的震荡变化可导致沉积物不会长时间地暴露，所以没有发育暴露标志。

Palaeophycus striatus 是食悬浮生物的居住潜穴，表面的纵向纹饰说明了造迹生物具有尖锐的爪或附肢。潜穴表面纵向纹饰的出现同样显示了固结的底质特征，其固底成因与保存抓痕的底质成因相似（图 3-14）。

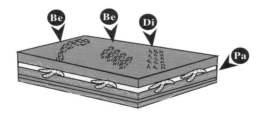

Be—*Beaconichus*；Di—*Diplichnites*；Pa—*Palaeophycus*。

图 3-14　*Beaconichus-Diplichnites* 遗迹组构模式图

3.3.3 *Scolicia-Gordia* 遗迹组构

该遗迹组构由 *Scolicia anningensis*、*Scolicia* isp.、*Gordia marina*、*Planolites montanus* 组成,出现在馒头组二段顶部的厚层黄绿色砂岩中(图 3-15)。

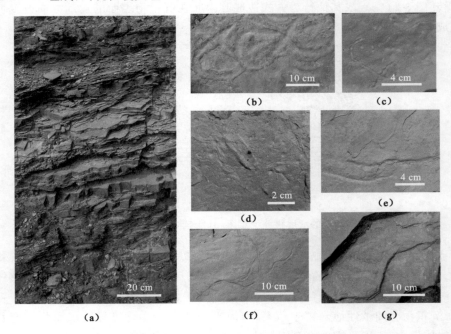

(a) *Scolicia* 产出层位的剖面照片,*Scolicia* 一般出现在厚层的灰绿色含云母砂岩表面或内部夹层;
(b)(d)(e) 层面上的 *Scolicia*;(c) 砂岩表面的 *Gordia marina*;(f) 小型似腹足动物爬迹;
(g) 厚层砂岩内部的 *Scolicia*,可见潜穴发育横纹。

图 3-15 *Scolicia* 野外剖面及层面照片

(1) 遗迹学特征

Scolicia 广泛分布在黄绿色含云母砂岩层面之上,呈水平微弯曲状分布于砂岩层面,有交叉和叠覆现象,偶尔可见潜穴呈圆环状分布[图 3-15(b)],这可能由于生物的某种行为所造成。遗迹可见宽度约 1.5~3 cm,一般潜穴中发育清晰的纵向横纹[图 3-15(g)],是造迹生物在较深的砂质沉积物中摄食而形成的横向纹饰构造。但是有些 *Scolicia* 遗迹化石不发育回填纹,潜穴两侧边缘向上突起[图 3-15(b)(d)],宽约 3~4 mm,中间向下凹,偶尔还可见 *Planolites* 与 *Scolicia* 相伴生[图 3-15(e)],并由 *Scolicia* 所截切,可见 *Planolites* 形成于 *Scolicia* 之前。*Gordia* 与 *Scolicia* 在砂岩层面上共生,潜穴直径约 5 mm,潜穴中间有局部弯曲并交叠成环形。

(2) 沉积学特征

该遗迹组构主要的发育层位为板状黄绿色含云母砂岩,不发育层理。该段岩性主要以砂岩为主,泥岩层极薄且较少发育,中间夹数层薄层鲕粒灰岩,其沉积环境应位于潮间带下部的泥砂坪沉积。局部层面可见雨痕[图 3-15(d)]等暴露标志,显示了明显的潮坪沉积特征。

(3) 遗迹组构成因解释

Scolicia 的造迹生物为心形海胆(Smith et al.,1983;Uchman,1995)。它们具有钙质的精美且专业的棘刺,能够在掘穴、沉积物搬运及构造维护过程中适应不同的条件。它们利用胸甲上铲状的棘刺使自身向前推进,周边及对口部分的棘刺用来向下挖掘及将额部的沉积物(混合着黏液)向后运送到身体后侧。Bromley 等(1995)已经对心形海胆的掘穴行为和觅食习性进行了彻底的研究,他提出化学合成是一些深阶层掘穴生物的常用策略。这些构造有的形成于相对深的部分脱水的固底底质条件,充满黏液且能够保存由动物附肢所形成的抓痕标志。海胆在沉积物中摄食时主动充填回填纹,在沉积物中形成具有横纹的 *Scolicia* 遗迹化石(图 3-16)。

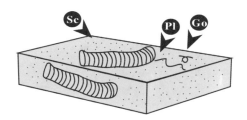

Sc—*Scolicia*;Pl—*Planolites*;Go—*Gordia*。

图 3-16 *Scolicia* 遗迹组构模式图

4 登封地区遗迹化石

4.1 区域地质

登封地区寒武系主要分布在登封窑粮坑东北部的山上(图 4-1),沿东西向展布。该地层岩性以碳酸盐岩为主,存在碳酸盐岩研究的良好剖面。豫西登封寒武系地层柱状图如图 4-2 所示。寒武系第二统出露厚度约为 107.40 m,包括

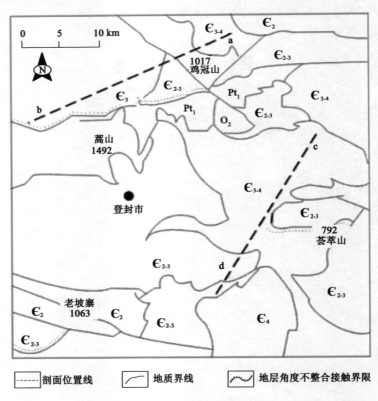

图 4-1 河南登封寒武系分布及剖面位置图(根据刘印环,1991 并修改)

4 登封地区遗迹化石

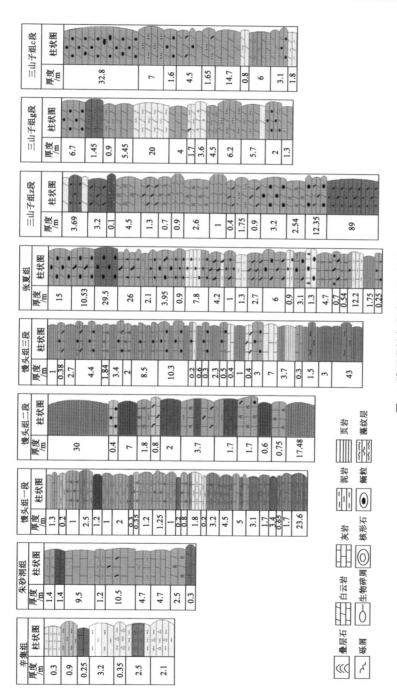

图4-2 豫西登封寒武系地层柱状图

辛集组、朱砂洞组和馒头组一段；第三统厚度约为 311.14 m，包括馒头组二段、三段和张夏组；芙蓉统厚 165.38 m，包括崮山组、炒米店组和三山子组。

  馒头组在登封关口-窖粮坑一带的露头较连续，本书中剖面选择在此处进行实地测量及采样。馒头组下部以朱砂洞组灰白色含燧石团块微晶白云岩为界，上部到发育三叶虫化石的浅灰色薄板状灰岩与泥灰岩互层结束，总厚度为 276.8 m。

  登封地区寒武系第三统馒头组主要岩性特征：馒一段，紫红色页岩与黄绿色页岩薄互层；馒二段，灰黄色含云母砂岩夹黄绿色砂质页岩；馒三段，黄绿色粉砂质页岩夹浅灰色鲕粒灰岩，局部发育含海绿石砂岩。

  登封寒武系馒头组地层实测资料如下：

——————————————— 整合 ———————————————

馒头组三段	厚 102.08 m
100. 灰黄绿色薄片状页岩	1.00 m
99. 灰黄绿色生屑鲕粒灰岩	0.08 m
98. 夹生物碎屑和鲕粒的藻灰岩	0.30 m
97. 灰黄绿色薄片状页岩	2.70 m
96. 土黄色含泥质生屑鲕粒灰岩夹土黄色灰质泥岩条带	1.50 m
95. 灰黄绿色薄片状页岩	0.30 m
94. 灰黄绿色生屑鲕粒灰岩	0.30 m
93. 灰黄绿色薄片状页岩	0.30 m
92. 灰色生屑鲕粒灰岩	0.15 m
91. 灰绿色薄片状页岩，夹透镜状微生物灰岩	1.20 m
90. 灰绿色生屑鲕粒灰岩	0.20 m
89. 灰绿色薄片状页岩	0.50 m
88. 含竹叶状灰岩的叠层石灰岩，叠层石为小叠层石和微小型柱状	1.84 m
87. 灰绿色片状页岩	0.90 m
86. 生屑鲕粒灰岩与鲕粒灰岩互层	0.20 m
85. 灰绿色片状页岩	1.80 m
84. 灰黄绿色夹薄层泥岩鲕粒灰岩	0.50 m
83. 含叠层石和生物碎屑的微生物灰岩，叠层石为不规则微小柱状，向上明显加粗，局部含团块，填充大量生物碎屑（介壳内含大量鲕粒）	2.00 m
82. 灰绿色薄板状页岩	0.70 m
81. 灰绿色夹土黄色泥质条带厚层鲕粒灰岩	0.50 m

80. 灰绿色薄板状页岩　　　　　　　　　　　　　　　　1.80 m
79. 灰绿色夹土黄色泥质条带厚层鲕粒灰岩　　　　　　0.50 m
78. 灰绿色薄板状页岩　　　　　　　　　　　　　　　　0.50 m
77. 夹薄层泥质条带厚层鲕粒灰岩　　　　　　　　　　　1.70 m
76. 灰绿色薄板状页岩　　　　　　　　　　　　　　　　0.30 m
75. 夹薄层泥质条带厚层鲕粒灰岩　　　　　　　　　　　1.30 m
74. 灰绿色薄板状页岩　　　　　　　　　　　　　　　　0.45 m
73. 灰绿色鲕粒灰岩　　　　　　　　　　　　　　　　　0.15 m
72. 灰绿色薄板状夹 5 cm 生屑的灰岩　　　　　　　　　0.60 m
71. 厚层鲕粒灰岩,中间夹 2 层 20 cm 的生屑滞积层(软舌螺),2 层 10～20 cm呈水平状分布的小竹叶状灰岩和土黄色泥质条带　　　1.10 m
88. 灰绿色薄板状页岩夹薄层板状灰岩　　　　　　　　　0.70 m
70. 厚层鲕粒灰岩,夹土黄色灰质泥岩条带,中部见 0～15 cm 的竹叶状灰岩,呈簇状,共有 6 层 20～40 cm 的灰质泥岩,其底部的 2 层顶部均有竹叶状灰岩覆盖　　　　　　　　　　　　　　　　　　5.60 m
69. 含砾屑灰岩,砾屑磨圆性较好,分选较差,发育缝合线　0.30 m
68. 灰绿色薄片状页岩,夹一层 10 cm 的灰岩　　　　　　2.00 m
67. 灰绿色鲕粒灰岩夹条带状泥岩　　　　　　　　　　　0.20 m
66. 灰绿色页岩　　　　　　　　　　　　　　　　　　　0.10 m
65. 灰绿色夹泥质条带鲕粒灰岩,底部见近水平分布厚 5～8 cm 的一层竹叶状灰岩　　　　　　　　　　　　　　　　　　　　　　0.36 m
64. 灰绿色薄片状页岩　　　　　　　　　　　　　　　　0.25 m
63. 夹土黄色泥岩条带的厚层鲕粒灰岩　　　　　　　　　0.20 m
62. 灰绿色薄片状页岩　　　　　　　　　　　　　　　　0.60 m
61. 灰绿色竹叶状鲕粒灰岩　　　　　　　　　　　　　　0.30 m
60. 灰绿色薄片状页岩,中间夹 2 层 3～4 cm 的灰岩　　　2.30 m
59. 灰绿色夹泥质条带鲕粒灰岩　　　　　　　　　　　　0.50 m
58. 浅灰白色厚层状微晶灰岩　　　　　　　　　　　　　0.40 m
57. 灰绿色片状页岩　　　　　　　　　　　　　　　　　1.00 m
56. 灰白色含生物碎屑微晶灰岩　　　　　　　　　　　　0.40 m
55. 厚层鲕粒灰岩,中间夹小泥质团块,底部发育一层含竹叶灰岩的鲕粒层　　　　　　　　　　　　　　　　　　　　　　　　3.00 m
54. 浅灰白色厚层灰岩,层理发育,多为楔状交错层理　　3.00 m
53. 土黄色条带状泥岩与浅灰白色灰岩薄互层(4 层)与 3 层厚层灰岩互层,

灰岩中发育爬升波纹层理和缝合线等　　　　　　　　　　　　　4.00 m
52. 灰绿色薄层页岩,中间夹一层厚5～10 cm的含泥质灰岩　　　1.20 m
51. 灰黄色页岩夹数层薄层灰岩　　　　　　　　　　　　　　　2.50 m
50. 竹叶状灰岩　　　　　　　　　　　　　　　　　　　　　　0.30 m
49. 灰绿色页岩夹灰绿色粉砂岩　　　　　　　　　　　　　　　1.50 m
48. 浅灰紫色片状页岩　　　　　　　　　　　　　　　　　　　3.00 m
47. 灰紫色片状页岩与浅绿色粉砂互层　　　　　　　　　　　　43.00 m

馒头组二段　　　　　　　　　　　　　　　　　　　　　　　　厚67.93 m
46. 红褐色片状页岩　　　　　　　　　　　　　　　　　　　　30.00 m
45. 浅灰色鲕粒灰岩　　　　　　　　　　　　　　　　　　　　0.40 m
44. 紫红色片状页岩　　　　　　　　　　　　　　　　　　　　7.00 m
43. 叠层石灰岩,上部为不规则微小型柱状叠层石,下部为含土黄色泥的纹
　　理石　　　　　　　　　　　　　　　　　　　　　　　　　1.80 m
42. 浅灰色微生物岩　　　　　　　　　　　　　　　　　　　　0.80 m
41. 紫红色泥岩　　　　　　　　　　　　　　　　　　　　　　2.00 m
40. 叠层石灰岩,上部主要为纹理石灰岩,见大型柱状叠层石,间隙填充砾
　　屑和竹叶状灰岩,见大鲕粒;下部为浅灰色微生物岩,整体呈透镜状,局
　　部见缓波状叠层石,间隙填充竹叶状灰岩,中间为紫红色泥岩层3.70 m
39. 灰黄绿色泥岩　　　　　　　　　　　　　　　　　　　　　0.20 m
38. 紫红色板状泥岩　　　　　　　　　　　　　　　　　　　　1.50 m
37. 叠层石灰岩,上部为大半球状、大柱状叠层石,间隙填充多圆形核形石
　　和生物碎屑;下部为夹核形石和竹叶状灰岩的缓波状叠层石,中间为含
　　泥的小柱状叠层石,偶见大柱状叠层石　　　　　　　　　　1.70 m
36. 紫红色泥页岩　　　　　　　　　　　　　　　　　　　　　0.60 m
35. 叠层石灰岩,上部为含泥质条带小缓波状叠层石,下部为含泥细小柱状
　　叠层石,中间为含泥质条带小柱状叠层石　　　　　　　　　0.75 m
34. 红褐色片状页岩,含3层疑似MISS构造(微生物诱导的沉积构造)
　　　　　　　　　　　　　　　　　　　　　　　　　　　　　17.48 m

────────────────── 整合 ──────────────────

寒武系第二统

馒头组一段　　　　　　　　　　　　　　　　　　　　　　　　厚63.15 m
33. 黄色片状页岩,含灰色条带状泥晶灰岩　　　　　　　　　　1.30 m
32. 浅灰色含粉砂纹理石　　　　　　　　　　　　　　　　　　0.20 m

31. 叠层石灰岩,上部为较规则柱状叠层石,下部杂乱微型柱状叠层石,中间夹多层薄泥层　　　　　　　　　　　　　　　　　　1.00 m
30. 土黄色灰质泥岩　　　　　　　　　　　　　　　0.80 m
29. 浅灰色板状泥质灰岩　　　　　　　　　　　　　1.70 m
28. 紫红色片状页岩　　　　　　　　　　　　　　　1.20 m
27. 黄绿色纹理石　　　　　　　　　　　　　　　　1.00 m
26. 灰色板状泥岩　　　　　　　　　　　　　　　　2.00 m
25. 土黄色泥质纹理石灰岩　　　　　　　　　　　　0.30 m
24. 浅灰色叠层石灰岩,上部呈小半球状,中部呈平缓波状,下部呈缓波状
　　　　　　　　　　　　　　　　　　　　　　　0.35 m
23. 黄绿色含泥纹理石灰岩　　　　　　　　　　　　1.20 m
22. 叠层石灰岩,上部为缓波状,下部为丘状,中间夹含砾石的纹理石层
　　　　　　　　　　　　　　　　　　　　　　　1.25 m
21. 黄绿色纹理石灰岩　　　　　　　　　　　　　　1.00 m
20. 紫红色泥岩　　　　　　　　　　　　　　　　　0.20 m
19. 灰白色夹浅红色叠层石灰岩层,叠层石为缓波状、丛状或柱状,其间填充小竹叶状砾屑或红色砾屑　　　　　　　　　　　　0.80 m
18. 肉红色纹理石灰岩　　　　　　　　　　　　　　0.30 m
17. 浅黄色纹理石灰岩　　　　　　　　　　　　　　1.50 m
16. 浅黄色泥岩　　　　　　　　　　　　　　　　　0.20 m
15. 土黄色纹理石灰岩,局部相变为叠层石,为大的缓波状、柱状及叠层石砾屑等,底为竹叶状灰岩,下部为大的柱状叠层石,被泥打断为半球状叠层石　　　　　　　　　　　　　　　　　　　　　3.20 m
14. 土黄色泥灰岩　　　　　　　　　　　　　　　　4.50 m
13. 灰岩夹土黄色泥灰岩　　　　　　　　　　　　　5.00 m
12. 灰绿色钙质泥岩　　　　　　　　　　　　　　　0.30 m
11. 紫红色钙质泥岩　　　　　　　　　　　　　　　2.80 m
10. 土黄色藻纹层灰岩　　　　　　　　　　　　　　1.70 m
9. 紫红色页岩　　　　　　　　　　　　　　　　　3.40 m
8. 土黄色纹理石,夹少量薄层灰岩　　　　　　　　0.65 m
7. 土黄色薄板状灰岩夹薄层泥岩　　　　　　　　　1.70 m
6. 紫红色钙质泥岩　　　　　　　　　　　　　　　3.00 m
5. 土黄色含砂钙质泥岩　　　　　　　　　　　　　6.00 m
4. 砖红色含砂钙质泥岩,中间夹薄层粉砂岩　　　　3.70 m

3. 浅土黄色薄板状钙质泥岩　　　　　　　　　　　　　　　4.10 m
2. 红色钙质泥岩　　　　　　　　　　　　　　　　　　　　5.20 m
1. 土黄色含纹理石泥岩　　　　　　　　　　　　　　　　　1.60 m

4.2　遗迹化石

似沙蠋迹属 *Arenicolites* Salter,1857
云南似沙蠋迹 *Arenicolites yunnanensis*

描述　垂直层面的宽阔 U 形潜穴,无蹼状构造,U 形潜穴最大宽度 2～8 cm,深 1～2 cm,潜穴管直径约 0.5～1 cm,其野外照片见图 4-3。

讨论　本书所发现的 *Arenicolites* 宽度为 4～7 cm,深 0.8～4 cm,直径为 0.5～1 cm。*Arenicolites yunnanensis* 形态相似,遗迹均为宽扁形,故暂定为 *Arenicolites yunnanensis*。在豫西地区发现的该遗迹化石很少,由于其 U 形构造,在剖面上出露的位置不同,很难发现其 U 形全貌,而往往为 I 形或 J 形。

产地层位　河南登封寒武系馒头组三段。

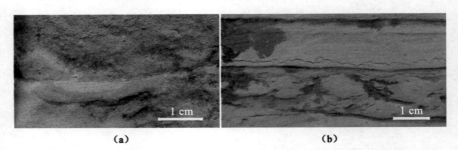

(a)(b) 登封地区寒武系馒头组三段交错层理鲕粒灰岩中发育的
Arenicolites yunnanensis Yang,1990,与 *Skolithos* 共生。
图 4-3　*Arenicolites yunnanensis* 的野外照片

二分沟迹属 *Didymaulichnus* Young,1972
莱伊尔二分沟迹 *Didymaulichnus lyelli* Rouault,1850

描述　光滑弯曲的二分沟迹,产自粉砂岩底面,与层面平行,互相切穿和覆盖。迹宽 2～2.5 cm,沟宽 1 mm,沟深 0.5 mm,样品照片见图 4-4。

讨论　该标本与 *D. miettenensis* Young,1972 相比宽度较小、不见边缘斜面,与 *D. rouaulti* 更相近,但描述遗迹种并无边缘沟,而 *D. rouaulti* 下凹度较大。

产地层位 河南登封寒武系馒头组二段

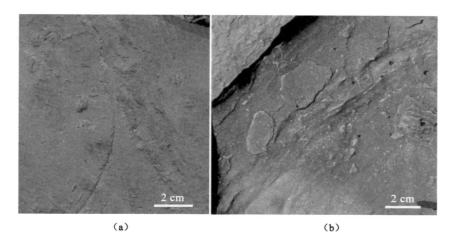

(a) *Didymaulichnus lyelli*,河南鲁山寒武系馒头组一段；
(b) *Didymaulichnus lyelli*,河南登封寒武系馒头组二段。

图 4-4 *Didymaulichnus lyelli* 样品照片

双杯迹属 *Diplocraterion* Torell,1870
双杯迹 *Diplocraterion* ichnosp.

特征 登封馒头组三段鲕粒灰岩中发育的 *Diplocraterion* ichnosp. 蹼状构造不明显,潜穴直径均匀,直径约 5 mm,向下延伸深度 8~10 cm,宽约 4 cm,两栖管之间距离为 3~4 cm,与模式种相似,圆柱形栖管末端呈烟筒状延伸到层面之上,剖面上呈 J 形或 U 形,详见图 4-5。该遗迹化石发育极少,与 *Skolithos* 相伴生。

讨论 虽然本书所发现的 *Diplocraterion* 不发育明显的蹼状构造,但由于它与同层位所发育的 *Arenicolites yunnanensis* 形态特征差别较大,延伸深度较 *Arenicolites yunnanensis* 深的多,并且与 *Diplocraterion parallelum* Richter,1926 具有除回填纹之外的相似潜穴形态特征(烟囱构造等),有学者认为不是所有的 *Diplocraterion* 都具有回填构造。故将该遗迹化石定名为 *Diplocraterion* ichnosp.。

产地层位 河南登封、渑池寒武系馒头组三段

(a)(b) 鲕粒灰岩中发育的 *Diplocraterion* ichnosp. 剖面照片，产于登封地区馒头组三段

图 4-5 *Diplocraterion* ichnosp. 野外剖面照片

线形迹属 *Gordia* Emmons,1844
海生线形迹 *Gordia marina* Emmons

描述　保存在登封寒武系馒头组二段黄绿色含海绿石砂岩层面上，细长而弯曲，潜穴直径 2～3 mm，无分支且有交切现象，见图 4-6。

讨论　该遗迹种区别于其他遗迹种的特点是遗迹直径较粗且弯曲度较低，交切较少。

产地层位　河南登封寒武系馒头组二段。

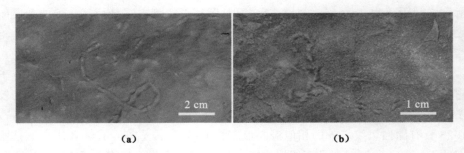

图 4-6 登封寒武系馒头组二段顶部砂岩中发育的 *Gordia marina* 层面照片

单杯迹属 *Monocraterion* Torell, 1870
单杯迹 *Monocraterion* ichnosp.

描述 近垂直岩层的漏斗状潜穴，全体成上粗下细的锥形，管深约 2～3 cm，上端直径可达 2～3 cm，横切面为圆形，见图 4-7。漏斗下部发育线形潜穴，线形潜穴直径为 2～3 mm，可见的长度为 2～5 cm。

讨论 与模式种形态相似，但未见系列同心杯状构造，仅有较单一的漏斗状出现，故定为 *Monocraterion* ichnosp.。

产地层位 登封寒武系馒头组三段

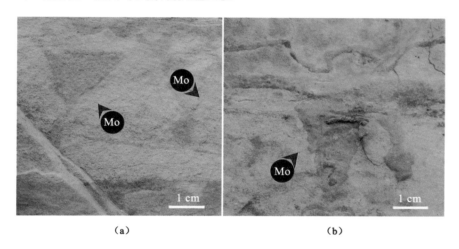

Mo—*Monocraterion* ichnosp.。
(a)(b) 土黄色泥质充填的 *Monocraterion* ichnosp.，呈漏斗状。
图 4-7 登封寒武系馒头组三段交错层理鲕粒灰岩中发育的 *Monocraterion* ichnosp. 样品照片

单行迹属 *Monomorphichnus* Crimes, 1970
单线单形迹 *Monomorphichnus linearis* Crimes, 1977

描述 由直或平缓弯曲的平行单线细脊组成，每组脊数为 5～8 条，最多为 16 条，脊长 2～5 cm，宽 0.5～2 mm，脊间距约为 5 mm，整个单形迹宽为 2～5 cm[图 4-8(b)]。

讨论 形态特征与 *Monomorphichnus linearis* Crimes, 1977 极为相似。

产地层位 河南渑池、登封寒武系馒头组二段。

双线单行迹 *Monomorphichnus bilinearis* Crimes,1970

描述 产于华北地台河南渑池、登封寒武系馒头组二段,标本为基本上平行成对的脊,一组脊较长而另一组脊较短,直而互相平行,脊长 1~2 cm,宽度为 0.5~1 mm,脊间距 2~3 mm,每组脊为 5~15 条[图 4-8(b)]。

讨论 形态特征简单,易于辨识。

产地层位 河南登封、渑池中寒武统馒头组二段。

(a) 纵向上重复出现的 *Monomorphichnus bilinearis*;(b) *Monomorphichnus linearis*。

图 4-8 Monomorphichnus bilinearis 和 Monomorphichnus linearis 样品照片

漫游迹属 *Planolites* Nicholson,1873
山地漫游迹 *Planolites montanus* Richter 1937

描述 该遗迹化石为简单的水平或近水平潜穴管,不发育衬壁,潜穴管的直径为 4~5 mm,单个潜穴的直径不变,潜穴的延伸长度为 3~15 cm 不等。填充物为不同于围岩的岩性,在微晶灰岩中的填充物为颜色略深的含泥质灰岩,而在鲕粒灰岩中其填充物为颜色较围岩浅的泥晶灰岩。潜穴无分支,但叠覆现象很常见(图 4-9)。

讨论 *Planolites* 和 *Palaeophycus* 频繁出现于前寒武纪到全新世的几乎各类沉积相中,这两种遗迹化石有着极为相似的形态特征,常常被混用。前人曾经提出了许多区分 *Palaeophycus* 和 *Planolites* 的方法,要真正地把两个属区分开来,潜穴边界是否有衬壁是区别 *Palaeophycus*(有衬壁)和 *Planolites*(无衬壁)的首要标志。在本研究区所发现的遗迹化石不发育衬壁,且形态特征与模式种极为相似。因此,本研究区所发现的潜穴可命名为 *Planolites montanus*。

产地层位 在整个豫西馒头组碳酸盐岩和碎屑岩中几乎均有发育。

4 登封地区遗迹化石

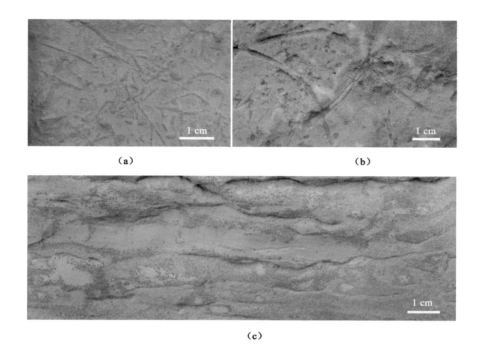

(a) 砂泥岩界面上水平发育的 *Planolites montanus*,产于登封地区馒二段;
(b) 鲕粒灰岩层面上发育的 *Planolites montanus*,产于渑池地区馒头组三段;
(c) *Planolites montanus* 在纵向岩层剖面上呈点状,产于渑池地区。

图 4-9 *Planolites montanus* 野外层面照片

皱饰迹属 *Rusophycus* Hall,1852
云南皱饰迹 *Rusophycus yunnanensis* Yang,1990

描述 大型椭圆形二叶迹,长 130 mm,宽 50 mm,中沟直而宽,二叶上抓痕前部向后方边缘倾斜,交角为 150°左右,中后部抓痕横向垂直长度方向,抓痕在前部偶有二分支,遗迹前部保存头甲及颊刺印痕,尾部保存半圆形印痕。本遗迹应属于停息迹的一种[图 4-10(a)(d)]。

讨论 与 *Treptichnus* 遗迹化石共生,该遗迹抓痕对称且与中轴平行,应为停息迹。

产地层位 标本采于河南登封寒武系馒头组二段。

雷梅兰皱饰迹 *Rusophycus ramellensis* Legg,1985

描述　遗迹化石产在粉砂岩-细砂岩下层面。由浅到深保存完好的二叶迹,宽 4~7cm,遗迹的前部为两个深的二叶,中间相交,轻微交叉呈胡须状,后部为浅的二叶,每个叶上有浅、弯相互平行的抓痕,每组 4~8 条,交角为 130°~160°[图 4-10(b)(c)]。

产地层位　河南登封寒武系馒头组二段紫红色或黄绿色砂岩夹薄层粉砂质泥岩。

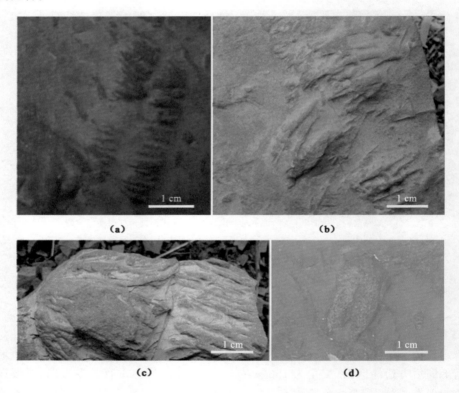

(a)(d) 紫红色砂岩面上发育的 *Rusophycus yunnanensis*,产于河南登封寒武系馒头组二段;
(b)(c) *Rusophycus ramellensis* 水平层面照片,产于河南登封寒武系馒头组二段。
图 4-10　*Rusophycus ramellensis* 和 *Rusophycus yunnanensis* 剖面照片

4 登封地区遗迹化石

蠕形迹属 *Scolicia* De Quatrefages,1849
安宁蠕形迹 *Scolicia anningensis* Luo et Zhang,1986

描述　遗迹产于黄绿色厚层细粒石英砂岩上层面及层间,平行层面分布,个体较多,遗迹相当大,似管状,呈弓形弯曲,相互交错重叠,遗迹长 20～40 cm,最长可达 46 cm,宽 1.5～2 cm,横向纹饰相当清楚,但脊条较不明显,可能与保存条件有关,纹饰呈平缓弯曲或波状弯曲,直延至两侧边缘,纹宽 1 mm,遗迹中心线附近有一条浅而细的纵沟,纵沟在风化面上清楚,但在层面之下的遗迹较模糊,遗迹横断面呈扁圆形[图 4-11(a)(b)]。

讨论　该遗迹体较宽,从遗迹的形态特征以及在岩层顶面和岩层中间保存的情况来看,可能为海胆潜入泥沙中觅食时将沉积物不断向后移位所造成。

产地层位　河南登封寒武系馒头组二段顶部含海绿石砂岩。

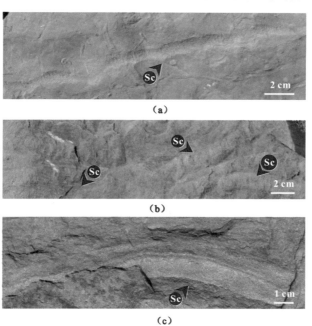

(a)(b) 黄绿色砂岩面上发育的 *Scolicia anningensis*,其中图(b)为上覆岩层底面铸模,
产于河南登封馒头组二段顶部;(c) 光滑不发育横纹的 *Scolicia* ichnosp.,
产于河南登封寒武系馒头组二段。

图 4-11　*Scolicia anningensis* 和 *Scolicia* ichnosp. 层面照片

蠕形迹未定种 *Scolicia* ichnosp.

描述 遗迹产于黄绿色含海绿石砂岩层之间,与层面呈近平行分布,微弯曲,遗迹宽 2.5~3 cm,潜穴两侧叶光滑平整,不发育横向纹饰,遗迹中间的脊条特别明显,宽 1~2 mm,深 1 mm[图 4-11(c)]。

讨论 该遗迹与模式种 *Scolicia prisca* De Quatrefages 相比较,其特征大致相似,但少了明显的横向纹饰,因此定名为 *Scolicia* ichnosp.。

产地层位 河南登封寒武系馒头组二段顶部。

锯形迹属 *Treptichnus* Miller,1889
锯形迹未定种 *Treptichnus* ichnosp.

描述 向同一方向倾斜排列的 4 支短的潜穴分支,单个潜穴呈卵圆形,潜穴周围不发育衬壁,且无加强的潜穴边界,形成于固底底质,潜穴直径相等,均为 2~8 mm,见图 4-12。

讨论 因为标本的分支潜穴"之"字特征不很明显,按未定种处理。周志澄指出 *Treptichnus pollardi* 形成于生物礁或生物滩后潟湖的较深部位,以短期的或周期性的风暴作用和以悬浮的黏土和泥晶碳酸盐岩的缓慢沉积为主。Dzik(2005)通过实验提出 *Treptichnus* 遗迹化石的造迹生物是蠕虫类中的翻吻动物,因为翻吻动物在觅食和捕食过程中能够制造出与 *Treptichnus* 相似的潜穴(Vannier et al.,2010)。

产地层位 河南登封寒武系馒头组二段,与 *Rusophycus* 共生。

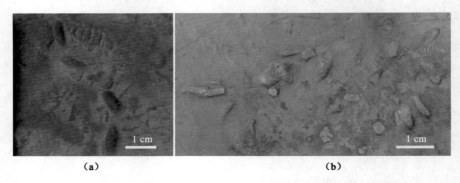

(a) 紫红色砂岩层上附着发育的 *Treptichnus* ichnosp.,产于河南登封寒武系馒头组二段;
(b) 黄绿色砂岩面上发育的 *Treptichnus* ichnosp.,产于河南渑池寒武系馒头组二段。
图 4-12 *Treptichnus* ichnosp. 层面照片

4.3 遗迹组构

4.3.1 *Skolithos*-叠层石遗迹组构

(1) 遗迹学特征

该遗迹组构由 *Skolithos linearis* 与小型叠层石组成。纵向上呈现出 *Skolithos linearis* 与薄层的小柱状叠层石交互出现(图4-13)。该现象仅在登封寒武系馒头组三段底部鲕粒灰岩中发育,而在鲁山和渑池剖面不发育。该遗迹组构是 *Skolithos linearis* 遗迹化石在登封寒武系馒头组中的首次出现。*Skolithos linearis* 一般被认为是滤食动物的居住潜穴,其沉积背景代表了动荡的侵蚀性环境。*Skolithos linearis* 仅在灰白色的交错层理砂屑鲕粒灰岩中垂直发育,BI=1~2,直径约1 cm,垂向延伸长度较大,均有穿透交错层理鲕粒灰岩层的现象,潜穴充填物为灰白色的亮晶方解石。遗迹化石掘穴深度及扰动程度从底部向上逐渐增大。

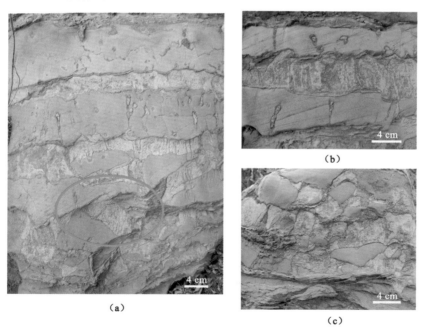

(a) *Skolithos linearis* 与小型柱状叠层石在剖面上出现互层;(b) 灰白色柱状叠层石;
(c) 大型鲕粒砾屑,砾屑上生长小柱状叠层石。

图4-13 *Skolithos linearis* 与小型柱状叠层石遗迹组构

（2）沉积学特征

该遗迹组构发育于豫西登封馒头组三段底部的鲕粒灰岩中,该遗迹组构发育层位总厚约 60～80 cm,整体为交错层理鲕粒灰岩与薄层小柱状叠层石交互出现,上覆及下伏地层均为黄绿色泥岩夹泥质粉砂岩。鲕粒灰岩层厚度约为 5～14 cm,交错层理[图 4-13(b)]和缝合线极为发育。叠层石层厚 4～6 cm,局部叠层石厚度可达 10 cm。底部发育大型砾屑灰岩[图 4-13(c)],最大砾屑直径为 15～20 cm,砾屑磨圆度、分选较差,具棱角,与层面呈近平行分布,显示了这属于原地堆积。砾屑的上表面可见被叠层石包裹,偶可见砾屑上部暴露的两个面上均长满叠层石[图 4-13(a)中红色圆圈所示]。大型砾屑的发育是风暴作用所造成的突变沉积事件,Skolithos-叠层石遗迹组构的形成也受到该事件的影响和干预(图 4-14)。

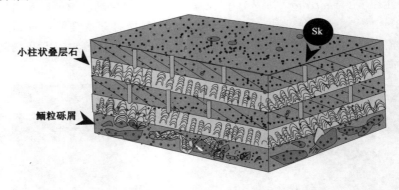

Sk—*Skolithos linearis*。

图 4-14 *Skolithos linearis*-小型柱状叠层石遗迹组构模式图

（3）遗迹组构成因解释

根据对该段地层的沉积特征分析,推断该遗迹组构形成环境为逐渐减弱的风暴作用环境(图 4-15)。

A 段风暴作用期:滨岸浅滩鲕粒沉积物受到波浪作用而形成交错层理。强烈的风暴流冲刷沉积基底面,形成了凹凸不平的侵蚀面。鲕粒沉积层受风暴作用而被打断成为大型鲕粒砾屑,砾屑没有经过磨圆和分选,呈大型的角砾状,为原地堆积形成。风暴作用使水中的氧含量、有机质含量及营养物质含量均有大幅度增加,为微生物的生长创造了充足的条件。

B 段风暴间歇期:风暴过后海平面下降,使该环境中水体变浅,沉积环境较为稳定,适宜微生物的大量繁殖和附着生长,大量微生物附着在大型的鲕粒砾屑表面生长为小柱形叠层石。

C段风暴衰减期:海平面上升,水体加深,水动力增加,海水中的微生物、碎屑颗粒及有机质颗粒均被搅起呈悬浮状态,不利于微生物的附着生长,但是却是适于食悬浮生物的生存环境。因此,食悬浮生物开始在鲕粒沉积物中掘穴,并滤食海水中悬浮的微生物及有机质碎屑形成 *Skolithos* 层。

D段风暴间歇期:由于海平面的持续震荡变化,海平面下降,水体变浅,水动力减弱,水中的悬浮碎屑、微生物及有机质又能够沉降并附着生长。因此,新一轮的微生物开始繁盛生长。

E段风暴衰减期:随着海平面的上升,水体加深,水体环境又变为了适应食悬浮生物生存的高能富悬浮颗粒沉积环境,故形成了 *Skolithos* 扰动层。

后期,海平面的大幅度上升,水体大幅度加深,水体能量大幅度增大,沉积环境变为适应悬浮生物生存的高能富悬浮颗粒环境,位于高能的潮下环境,受海平面升降变化影响不大,所以形成发育大量 *Skolithos* 的厚层交错层理鲕粒灰岩,叠层石不发育(见 4.3.2 *Skolithos* 遗迹组构)。

Skolithos 遗迹相代表粒度较粗的砂质基底、高能前滨沉积环境,其遗迹化石主要以垂直型、深而长的管状生物潜穴为特征,而小柱状叠层石代表了水体较浅、能量较低的沉积环境。那么该段地层整体呈现出浅灰色含 *Skolithos* 鲕粒灰岩与灰白色小柱状叠层石层薄互层发育,显示了馒头期地壳升降而造成海平面频繁变化,最终形成含 *Skolithos* 鲕粒灰岩与小型柱状叠层石的旋回。从该段向上,该旋回被厚层的发育大量 *Skolithos* 遗迹组构的鲕粒灰岩所取代,显示了海平面呈高频震荡变化而整体升高的趋势。

4.3.2 *Skolithos-Arenicolites* 遗迹组构

(1)遗迹学特征

在豫西登封、渑池地区馒头组三段灰白色交错层理鲕粒灰岩中均发育 *Skolithos linearis* 遗迹组构,但是其遗迹组构成员不尽相同。渑池地区 *Skolithos* 遗迹组构中仅发育 *Skolithos linearis* 及 *Diplocraterion* ichnosp. 两种遗迹化石,登封地区 *Skolithos* 遗迹组构中包括了 *Skolithos linearis*、*Arenicolites yunnanensis*、*Monocraterion* ichnosp. 和 *Diplocraterion* ichnosp. 四种遗迹化石类型。沉积物扰动程度低(生物扰动指数 BI 为 1~2),4 个集群都以食悬浮生物所造的居住迹为主。大多数都以单个组合出现为特征,而 *Monocraterion* ichnosp. 经常和 *Skolithos linearis* 共同发育于同一层位,个别情况下可见 *S. linearis*、*Diplocraterion* ichnosp.、*Arenicolites yunnanensis* 和 *Monocraterion* ichnosp. 在同一层位伴生发育。

馒三段 *Skolithos* 遗迹组构中的遗迹化石整体上显示了丰度、分异度由下

Skolithos-叠层石共生遗迹组构剖面素描图	段号	层位	特征描述
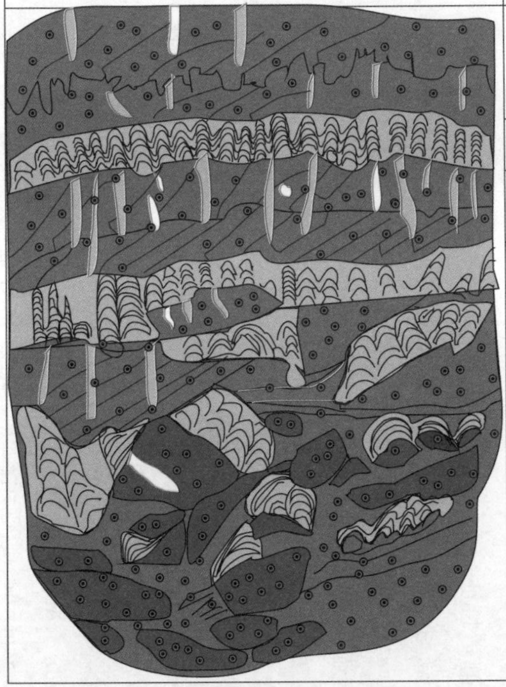	E	*Skolithos*层	风暴衰减期：层厚10 cm，鲕粒灰岩缝合线发育，可见明显的交错层理，*Skolithos*近垂直层面掘穴，在剖面上呈圆形、柱形或圆点状
	D	叠层石层	风暴间歇期：浅灰白色小型柱状叠层石层，层厚4~6 cm，纹层不清晰，整体呈层状出现
	C	*Skolithos*层	风暴衰减期：层厚约14 cm，发育交错层理，*Skolithos*向下切穿下覆泥岩并延伸到下层鲕粒灰岩，最大延伸长度10 cm，直径1 cm
	B	叠层石层	风暴间歇期：可见巨型的鲕粒组成的砾屑，长轴可达18~20 cm，砾屑具层理并发育有*Skolithos*，表明砾屑形成在生物掘穴之后，小柱状叠层石以砾屑为基底向上生长
	A	大型鲕粒砾屑层	风暴作用期：底部发育大量的鲕粒组成的砾屑，磨圆分选较差，部分砾屑中可见*Skolithos*，砾屑上表面向上生长小柱状叠层石，柱状叠层石特征同上。偶有砾屑两个面上均发育柱状叠层石，表明其形成于风暴时间前后

图4-15 *Skolithos*-小柱状叠层石遗迹组构沉积特征

Mo—*Monocraterion* Ichnosp.;Di—*Diplocraterion* ichnosp.;
Sk—*Skolithos linearis*;Ar—*Arenicolites yunnanensis*。

图 4-16 *Skolithos-Arenicolites* 遗迹组构模式图

(a) *Skolithos linearis* 和 *Arenicolites yunnanensis* 层面呈点状分布;
(b)(c)(d) *Skolithos linearis* 剖面上垂直向下延伸,有时可切穿下覆岩层;
(e) *Diplocraterion* ichnosp.;(f) *Monocraterion* Ichnosp.;(g) *Arenicolites yunnanensis*。

图 4-17 *Skolithos-Arenicolites* 遗迹组构的野外照片

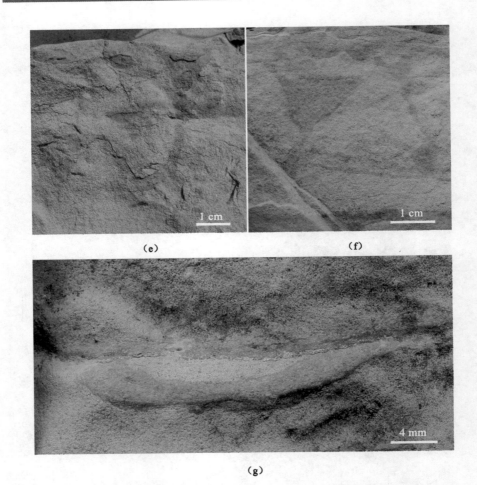

图 4-17(续)

向上逐渐增大的规律(图 4-18)。A 段:馒头组三段底部仅发育 *Skolithos linearis* 一种遗迹化石,与小叠层石交互出现(*Skolithos*-叠层石互层遗迹组构)。B 段:上部为交错层理砂屑鲕粒灰岩,仅发育 *Skolithos linearis* 一种遗迹化石,叠层石不发育。C 段:风暴沉积层,发育厚层竹叶状灰岩。D 段:遗迹化石分异度明显增多,包括 *Arenicolites yunnanensis*、*Diplocraterion* ichnosp. 及 *Skolithos linearis*,潜穴扰动深度较浅,潜穴直径也较细,约 1cm。E 段:风暴沉积层,发育竹叶状灰岩。F 段:*Skolithos linearis*、*Monocraterion* ichnosp. 两种遗迹化石较多,扰动较弱,BI 为 1~2。G 段:竹叶状灰岩层。H 段:交错层理砂屑鲕粒灰岩,*Skolithos linearis* 遗迹组构的丰度和分异度达最大值,剖面上分

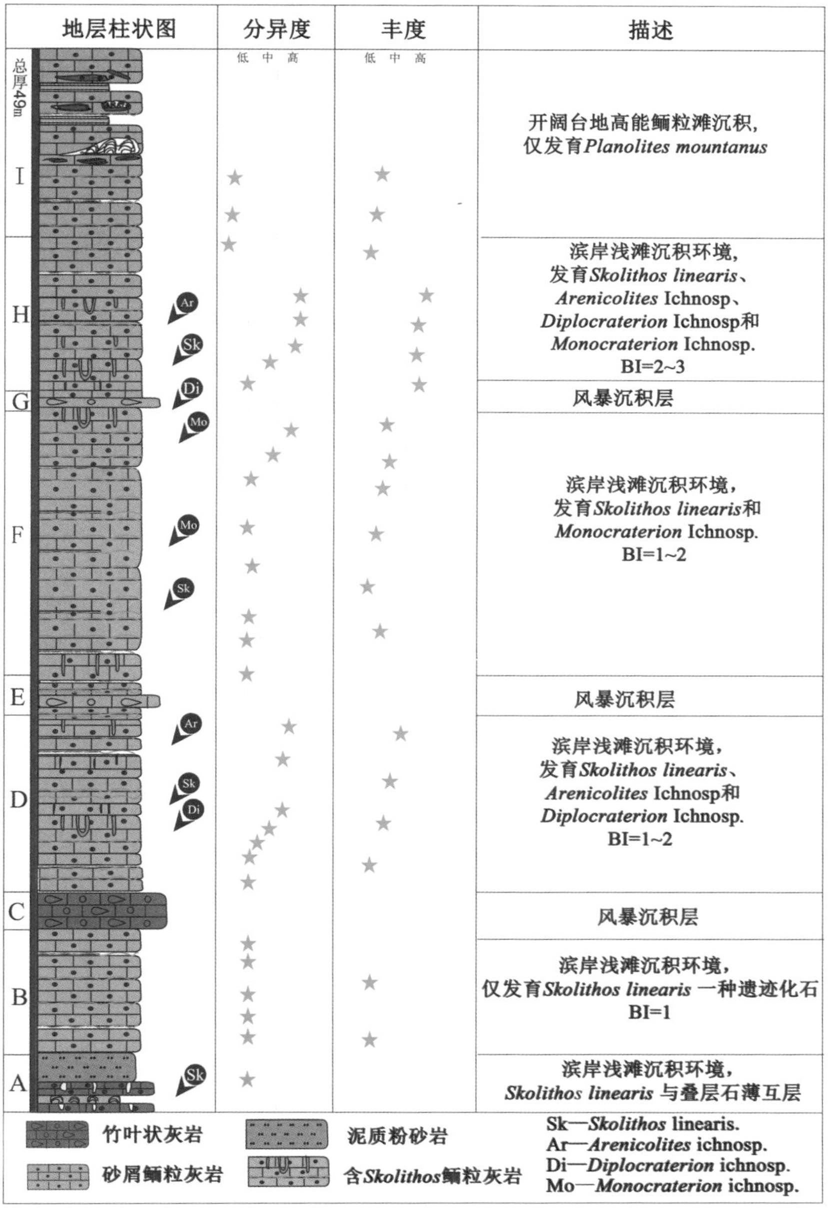

4 登封地区遗迹化石

地层柱状图	分异度	丰度	描述
	低 中 高	低 中 高	
I (总厚49m)	★ ★ ★ ★	★ ★ ★	开阔台地高能鲕粒滩沉积，仅发育 *Planolites mountanus*
H	★ ★ ★ ★ ★	★ ★ ★ ★ ★	滨岸浅滩沉积环境，发育 *Skolithos linearis*、*Arenicolites* Ichnosp、*Diplocraterion* Ichnosp 和 *Monocraterion* Ichnosp. BI=2~3
G			风暴沉积层
F	★ ★ ★ ★ ★	★ ★ ★ ★ ★	滨岸浅滩沉积环境，发育 *Skolithos linearis* 和 *Monocraterion* Ichnosp. BI=1~2
E			风暴沉积层
D	★ ★ ★ ★	★ ★ ★	滨岸浅滩沉积环境，发育 *Skolithos linearis*、*Arenicolites* Ichnosp 和 *Diplocraterion* Ichnosp. BI=1~2
C			风暴沉积层
B	★ ★ ★ ★	★ ★	滨岸浅滩沉积环境，仅发育 *Skolithos linearis* 一种遗迹化石 BI=1
A	★	★	滨岸浅滩沉积环境，*Skolithos linearis* 与叠层石薄互层

图例：竹叶状灰岩、砂屑鲕粒灰岩、泥质粉砂岩、含 *Skolithos* 鲕粒灰岩

Sk—*Skolithos linearis*.
Ar—*Arenicolites* ichnosp.
Di—*Diplocraterion* ichnosp.
Mo—*Monocraterion* ichnosp.

图 4-18　豫西登封馒头组三段地层柱状及 *Skolithos-Arenicolites* 遗迹组构分布
（从下向上 *Skolithos* 遗迹组构中的遗迹化石分异度、丰度均有明显增大趋势）

布有密集的垂直潜穴,且宽度可达 1.5~2cm,剖面可见的潜穴深度大多为 8~15 cm,潜穴宽度、延伸长度较下部出现的潜穴有明显的增大,BI＝2~3。这整体显示遗迹化石在风暴作用之后,分异度及丰度均出现了显著的增加趋势,反映了后生动物快速占领生存空间的能力。

(2) 沉积学特征

登封馒头组三段总厚 49 m,整体以鲕粒灰岩为主,发育 *Skolithos linearis* 的鲕粒灰岩且与薄板状灰岩夹土黄色泥质条带交互出现[图 4-19(b)],中间夹数层风暴沉积的竹叶状灰岩[图 4-19(c)(d)]。*Skolithos* 遗迹组构仅出现在发育交错层理的鲕粒灰岩中,而薄板状灰岩夹土黄色泥质条带中则有形态较为模糊的生物扰动,边界不明显。从下向上共发育 3 层风暴作用沉积层,风暴层中发育由扁长状的鲕粒组成的竹叶状灰岩,有些竹叶状灰岩表面包裹生长灰白色的叠层石,也有的以竹叶状灰岩为基底发育小柱状叠层石,局部可见灰白色微生物成因的藻鲕。鲕粒颗粒由下向上逐渐增大,到了顶部鲕粒直径可达 1~1.5 mm,代表了水体能量的增高。

(3) 遗迹组构成因解释

Skolithos 遗迹组构的机会生态学解释如下。

由图(4-19)可以看出 *Skolithos linearis* 总是在风暴事件前后开始大量出现,而在相对稳定的沉积期则较少发育,这似乎证明了像 *Skolithos* 造迹生物一样具有开放潜穴的机会主义生物倾向于生活在高能动荡的环境。

Mangano 等(2004)曾指出 *Skolithos linearis*、*Arenicolites yunnanensis*、*Diplocraterion parallelum* 和 *Palaeophycus tubularis* 等遗迹的造迹生物多采取食悬浮的觅食方式,即主要以捕食海水中的各种浮游生物为食。能量较高的风暴作用恰恰为这些食悬浮生物带来了丰富的有机质及营养物质,有助于他们的摄食和生活。另外,机会生物能利用短暂的不稳定的或周期性的极端环境,具有很强的扩散能力并留下繁殖体度过漫长不利季节,表现出一种 r 策略,具有短的生育周期,较强的环境适应能力和广泛的觅食习惯使之能够迅速占领一个刚开放不久的不稳定生境(Pemberton et al., 2001)。大多数情况下,机会移居者是悬浮滤食或食沉积的多毛类,它们在极端环境中具有较强的繁殖能力且能够进行快速地域扩增的特性,从而能有效地防止其他物种的入侵。Zajac (1986)曾报导在周围沉积物发生物理破坏或者季节性的居群灭亡之后,机会种成虫的繁殖频率更高,幼虫的规模迅速增大。机会种的这种超强繁殖能力是其在恶劣环境中求生存的一种重要手段。

因此,我们可以推断本研究区 *Skolithos* 遗迹组构中的遗迹化石造迹生物在经历了恶劣的高能风暴事件之后,这些有 r 策略的机会种能够迅速占领生存

4 登封地区遗迹化石

图 4-19 豫西登封寒武系馒头组三段沉积特征

空间,防止其他物种入侵,正是他们的超强适应性才使得他们最终战胜微生物,在如此高能的环境中大量殖居并保存下来。

Skolithos 遗迹组构成因模式(图 4-20)可分为 4 个阶段:① 鲕粒沉积物形成并沉淀在基底;② 沉积物经受水流或风暴流的侵蚀作用,表面发育侵蚀面;③ 悬浮生物在风暴过后快速在鲕粒沉积物中殖居,形成开放性潜穴;④ 造迹生物消亡后,这些开放性潜穴被上覆的沉积物覆盖,被动充填,形成遗迹化石。

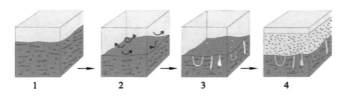

1—埋藏阶段;2—侵蚀阶段;3—造迹生物掘穴,形成开放性潜穴;
4—开放性潜穴被动充填形成遗迹化石。

图 4-20 *Skolithos-Arenicolites* 遗迹组构成因模式

4.3.3 泥质充填的水平 Thalassinoides-凝块岩遗迹组构

该遗迹组构分布在登封馒头组-张夏组界限上部,总共发育四层,呈现凝块岩与 Thalassinoides 交互状出现,并且在交界的层位显示出共生的沉积特征[图 4-21(a)(b)]。

(1) 遗迹学特征

微生物岩周围为浅灰色微晶灰岩夹薄层土黄色 Thalassinoides 遗迹化石,潜穴充填为土黄色的泥质,发育极薄的衬壁,厚度为 1~2 mm,衬壁呈灰黑色,颗粒较围岩粗。潜穴直径不均一、较不规则,有粗有细,直径最粗可达 3 cm,最细仅 0.5 cm。该类遗迹化石扰动程度较大,BI 为 2~8,潜穴深度为 2~5 cm。

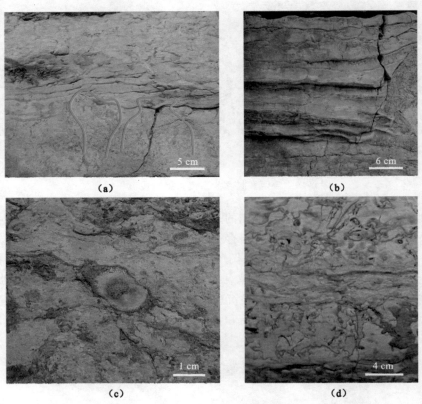

(a) 下部发育灵芝状凝块岩,上部为薄层微晶灰岩夹土黄色泥质条带,其中发育有大量 Thalassinoides horizontalis;(b) 灵芝状凝块岩镶嵌在发育 Thalassinoides horizontalis 的微晶灰岩夹薄层泥质条带中,可见凝块岩上部的层理向上弯曲;(c) 海绵化石;(d) 发育薄层灰黑色衬壁的 Thalassinoides horizontalis;(e) 凝块岩下部发育的大型竹叶状灰岩;(f) 凝块岩中包含海百合茎等生物化石。

图 4-21 Thalassinoides-凝块岩遗迹组构野外照片

图 4-21(续)

豫西登封馒头组顶部至张夏组底部发育厚层的微生物岩,例如发育灵芝状的微生物岩[图 4-21(a)(b)]。由于该微生物岩切穿岩层层理面,且上部岩层层理随微生物岩形状向上弯曲,因此推测其与周围沉积物属同时期沉积形成,且凝块岩沉积速率要略大于周围微晶灰岩沉积速率[图 4-21(a)(b)、图 4-22]。

(2) 沉积学特征

Thalassinoides-凝块岩遗迹组构发育在馒三段顶部至张夏组底部的地层中,剖面上显示厚层的微生物成因凝块岩与中厚层的含 *Thalassinoides* 薄板状微晶灰岩夹土黄色泥质条带呈交互状出现,显示出旋回发育的特征,共计 4 个旋回。每个旋回的沉积相序如下所述。

① 凝块岩底部常发育有大型的厚层竹叶状灰岩层,竹叶呈扁平状,最长的可达 10 cm,呈倒"小"字及簇状分布,通常薄厚不均匀,两端有尖灭[图 4-21(d)和图 4-22];

② 竹叶状灰岩之上发育厚层的凝块岩,厚度最大可达 2 m,其中发育大量的造礁生物,包括海绵、海百合及其圆环形生物介壳。沉积物颗粒较粗,层面上可见灰黑色块状、云朵状的方解石结晶,部分凝块呈柱形、灵芝形分布。凝块岩柱间充填物与上覆岩层岩性一致,为薄板状微晶灰岩夹土黄色薄层泥岩,其中发育 *Thalassinoides*。凝块岩与碳酸盐岩颗粒为同时期沉积形成,可见凝块上部岩层层理随着凝块顶部向上弯曲,表明凝块岩与周围的浅灰色薄层微晶灰岩为同时期沉积形成。

③ 凝块岩层上覆地层发育含大量 *Thalassinoides* 的波板状微晶灰岩夹薄层泥岩,生物扰动量较大,潜穴形态明显,发育黑色较薄衬壁,局部可见深黑色

黏附在潜穴内壁的颗粒物质,为造迹生物加固潜穴所用的颗粒[图 4-21(d)]。

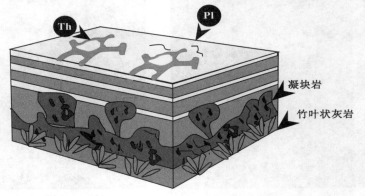

Th—*Thalassinoides horizontalis*;Pl—*Planolites montanus*。
图 4-22　*Thalassinoides*-凝块岩遗迹组构模式图

（3）微观特征

该种类型凝块石灰岩呈大型层状构造,横向展布,延续范围广。微生物凝块呈浅灰白色,整体呈无规则块状连续分布形式。块状微生物凝块间发育大量深黑到浅灰色不规则亮晶方解石斑块,多呈椭圆状、棒状、不规则云朵状排列[图 4-23(a)],凝块内部发育大量海绵类化石和双壳类碎屑,并充填少量三叶虫甲刺。化石形态呈圆柱管状,具外壁结构,内部具球状筛孔,发育隔壁构造[图 4-23(b)]。偏光显微镜下,微生物凝块由灰泥和微晶方解石组成,磨圆度较好,边界明显。凝块内部发育不太清晰的葛万菌丝状体。凝块间基质由微晶到微亮晶方解石构成[图 4-23(c)]。亮晶方解石后期或经历白云岩化,无明显胶结期次[图 4-23(d)(e)]。深黑色斑块与微生物凝块界线明显,接触处发育溶蚀线[图 4-23(d)]。

（4）遗迹组构成因解释

凝块岩发育期间微生物吸附于基底,海绵动物营底栖生活,凝块状生物礁呈骨架状生长,微生物群落聚集并吸附捕获外源碳酸盐岩颗粒,海绵动物作为重要的造礁生物参与筑礁,它们共同形成似礁骨架,抵御水动力变化影响[图 4-23(a)]。凝块上部岩层层理随着凝块顶部向上弯曲,表明随着水体不断加深,碳酸盐岩颗粒沉降速率逐渐增大,并逐渐大于造礁生物生长速率,之后生物礁逐渐停止发育。

块状凝块石灰岩呈大型层状生物礁状分布,以灰泥和微晶成分为主,生物碎屑含量低,结合现代微生物礁和海绵动物适宜生存的水深范围,判定块状凝块石灰岩沉积环境为潮下带下部低能环境,而含 *Thalassinoides* 的薄板状微晶

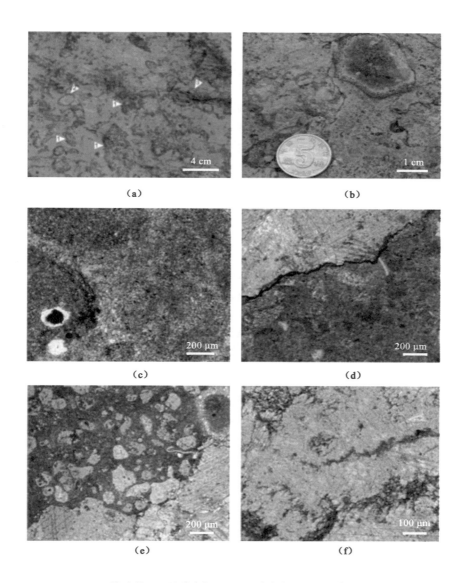

(a) 后期胶结;(b) 海绵类化石;(c) 双壳类碎屑;(b) 海绵类化石;
(c) 微生物凝块,可见葛万藻团块;(d) 两期胶结物的交界;
(e) 两期交界,含生物碎屑;(f) 亮晶胶结。

图 4-23 凝块岩微观特征

灰岩夹薄层泥岩则代表了低能较深水的潮下环境(Mángano,2011),正是由于他们的沉积环境均为低能环境,它们才能够处于同沉积期共同发育,在地层中以共生的关系表现出来。它们在张夏组底部的交互出现显示了海平面的不断变化导致水体深度的波动式变化,当海平面下降时,碳酸盐质颗粒沉积速率小于凝块岩生长速率,凝块岩大规模发育;海平面上升时期碳酸盐质颗粒沉积速率大于凝块岩生长速率,则沉积物变为浅灰色微晶灰岩与薄层泥岩互层,这时沉积物底质为软底,适宜 *Thalassinoides* 造迹生物中个体较小的十足甲壳动物(虾或蟹)或是软体动物(Myrow,1995)在底质中掘穴居住和生存,故 *Thalassinoides* 造迹生物能够在沉积物中大量造迹,形成 *Thalassinoides* 遗迹组构。所以,遗迹组构整体沉积环境应为较深水、低能的潮下低能开阔台地环境,并间歇性地有陆源泥质注入。

4.3.4 *Cruziana-Rusophycus* 遗迹组构

(1) 遗迹学特征

该遗迹组构由 *Cruziana rouaulti*、*Monomorphichnus linearis*、*Diplichnites subtilis*、*Diplichnites robustus*、*Dimorphichnus* cf. *obliquus*、*Rusophycus ramellensis*、*Rusophycus yunnanensis* 和 *Didymaulichnus lyelli* 等节肢动物抓痕遗迹化石和其他生物所造的 *Bifungites fezzanensis*、*Treptichnus* ichnosp. 和 *Bergaueria* aff. *hemispherica* 遗迹化石组成。主要分布在紫红色泥质粉砂岩表面与上覆泥岩的交界处。其中似三叶虫类节肢动物抓痕遗迹化石大量精美完整地保存在紫红色砂岩浅表(图 4-24),抓痕在紫红色砂岩与上覆薄层泥岩之间的分界面上得以完整并清晰的保存,其表层泥岩大多已被风化剥蚀,抓痕清晰且精致,表明当时砂质底质条件有一定程度固结。这些保存完整的抓痕分别清晰地显示了三叶虫爬行[图 4-24(g)(h)]、觅食[图 4-24(c)]、游泳[图 4-24(d)(i)]、停息[图 4-24(f)(j)]时附肢在沉积物表面留下的痕迹。该表面保存的抓痕极为精细,最细抓痕直径不足 1 mm,且清楚地展示了三叶虫的附肢运动轨迹。

该遗迹组构遗迹化石分异度极高,包含 14 个遗迹种,基本上均在沉积物-水界面较浅处扰动,遗迹化石均为层面浅表保存,对沉积层理几乎没有影响,层面扰动较为强烈,BI 一般为 2~3,对沉积物的混合程度极低,岩层剖面上层理发育明显。

(2) 沉积学特征

豫西登封馒头组二段紫红色含云母砂岩多呈板状且具波曲面[图 4-24(a)],底部具侵蚀面,褶皱的黄绿色泥岩与紫红色含海绿石砂岩交互出现,板状紫红色含云母砂岩表面发育波痕,为潮间带下部泥砂坪沉积环境。黄绿色褶皱的泥岩可能代表了稳定的微生物席沉积底质,其上常发育 *Rusophycus*[图 4-24(d)(f)(j)]。

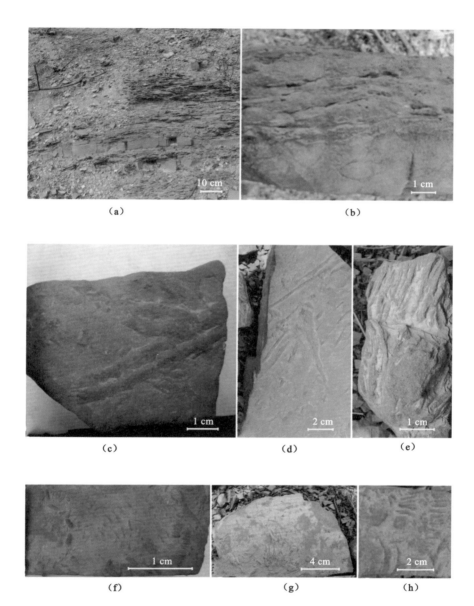

(a)(b) 登封寒武系馒头组剖面照片；(c) *Cruziana rouaulti*；(d) *Monomorphichnus linearis*；
(e)(f) *Rusophycus* ichnosp.；(g) *Diplichnites subtilis*（纤细双趾迹）；(h) *Diplichnites robustus*
（粗壮双趾迹）；(i) *Dimorphichnus* cf. *obliquus*（渑池）；(j) *Rusophycus*；k. *Scolicia*。

图 4-24　豫西登封地区寒武系馒头组二段中至上部碎屑岩中的节肢动物抓痕

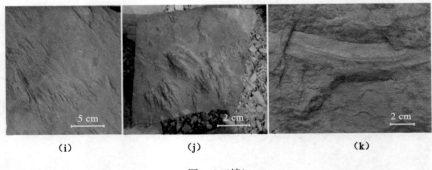

图 4-24（续）

（3）遗迹组构成因解释

该遗迹组构是节肢动物在沉积物浅表进行觅食、游泳或爬行时所形成的痕迹的组合。抓痕化石形态保存完整和精细，均显示出了极高的保存质量。遗迹化石均保存在沉积物-水界面较浅处，显示了沉积底质形成时期极缓慢的沉积速率和缺少对沉积底质起混合作用的生物扰动，缺失混合层，使底质有一定的黏结性而易于保存节肢动物附肢抓爬沉积物表面时的痕迹（图 4-25）。沉积物混合层的缺失也使 *Treptichnus* ichnosp. 和 *Bergaueria* aff. *hemispherica* 等造迹生物能在较固结底质中造出边界清晰、充填物与围岩反差大的清晰居住潜穴。

Cr—*Cruziana*；Tr—*Treptichnus* ichnosp.；Pl—*Planolites*；
Mo—*Monomorphichnus linearis*；Ru—*Rusophycus*；DM—*Dimorphichnus* cf. *obliquus*；
Di—*Diplichnites*；BB—*Bergaueria* aff. *hemispherica*。

图 4-25 *Cruziana-Rusophycus* 遗迹组构模式图

正是富含大量可供食沉积、食悬浮生物摄取的食物来源，才使得大量的生物在潮坪环境中殖居和觅食生活，潮坪环境是适宜底栖生物生存和繁殖的场所，这才形成遗迹化石分异度和丰度都极高的 *Cruziana-Rusophycus* 遗迹组构（图 4-25）。

5 遗迹组构阶层及底质特征

5.1 浅阶层类型

浅阶层主要遗迹化石类型为节肢动物在浅表活动时留下的痕迹(见表 5-1),包括节肢动物抓痕(*Cruziana rouaulti*、*Cruziana barbata*、*Diplichnites* ichnosp. 1、*Diplichnites* ichnosp. 2、*Dimorphichnus* cf. *obliquus*、*Diplichnites subtilis*、*Diplichnites robustus*、*Monomorphichnus bilinearis*、*Monomorphichnus linearis*、*Qipanshanichnus gyrus*、*Rusophycus ramellensis*、*Rusophycus yunnanensis*)和软体动物在浅表扰动时留下的痕迹(*Gordia marina*、*Beaconites antarcticus*、*Planolites montanus*)。

表 5-1 浅阶层遗迹化石及其遗迹群落的相关特征

遗迹化石名称	扰动深度	造迹生物	遗迹化石类型	觅食方式	食物来源	沉积环境
Cruziana rouaulti、*Cruziana barbata*、*Diplichnites* ichnosp. 1、*Diplichnites* ichnosp. 2、*Diplichnites subtilis*、*Diplichnites robustus*、*Monomorphichnus bilinearis*、*Monomorphichnus linearis*、*Qipanshanichnus gyrus*、*Rusophycus ramellensis*、*Rusophycus yunnanensis*	沉积物-水界面较浅处	节肢动物(三叶虫)	节肢动物在沉积物表面抓爬、运动、觅食或休息时留下的痕迹	食沉积	沉积物表面黏附的有机碎屑或微生物	潮间带

表 5-1(续)

遗迹化石名称	扰动深度	造迹生物	遗迹化石类型	觅食方式	食物来源	沉积环境
Gordia marina	沉积物-水界面较浅处	软体动物	牧食迹	食碎屑	沉积物表面或微生物席之上的微生物颗粒	潮间带
Beaconites antarcticus	沉积物-水界面较浅处，约2 cm之内	蠕虫类	觅食迹	食沉积	沉积物中的有机颗粒	潮间带
Planolites montanus	沉积物-水界面附近	蠕虫类（多毛虫）	觅食迹	食沉积	沉积物中的有机颗粒	潮间带

结合遗迹化石及其遗迹群落特征，我们发现在有机碎屑丰富的潮间带环境中，食沉积、食碎屑及牧食生物大多以沉积物表面的松散有机质为食，生物无需深入掘穴便能够获取生活所必须的营养物质，形成的遗迹化石一般为较浅阶层的遗迹化石(表5-1)。*Palaeophycus striatus* 是食悬浮生物所造潜穴，它是漫游的蠕虫状生物所造的以及暂时的浅阶层的食悬浮或捕食者构造所组成的(Mángano et al.,2004b)。这些生物建造水平、近水平的潜穴保持了开放式结构，能够以悬浮颗粒为食或主动捕食其他的蠕虫。在潮间环境中呈近水平分布，表示潮间环境悬浮有机颗粒或微生物丰富，造迹生物无需更深掘穴，所以 *Palaeophycus striatus* 为浅阶层遗迹化石。

5.2 中阶层类型

中阶层遗迹化石包括 *Thalassinoides horizontalis*、*Bergaueria* aff. *hemispherica*、*Treptichnus* ichnosp.、*Palaeophycus striatus*。

Palaeophycus striatus 发育在沉积物之下极浅处，约在沉积物-水界面之下1~2 cm深处水平分布，岩层层面上可见清晰的具纵条纹的分叉潜穴，而剖面上扰动不明显，岩层层理较清晰。

Thalassinoides horizontalis 为三维立体的管状潜穴，由沉积物-水界面向下延伸至2~3 cm深度处，有时深度可达4 cm，发育分支，水平面上呈网状结构。一般为开放式居住潜穴，由于其发育在软底沉积物中，通常为了对潜穴进

行加固,潜穴周围会发育 1~2 mm 厚的黑色衬壁,即生物将消化产物或者排泄物黏附在衬壁上起到加固的作用。

Treptichnid 和 *Bergaueria hemispherica* 均为悬浮滤食生物所造的遗迹,属中阶层潜穴。*Treptichnus* ichnosp. 潜穴由弯曲的部分组成,潜穴为开放式潜穴,并且潜穴顶部延伸至沉积物-水界面处;*Bergaueria* aff. *hemispherica* 可见呈短圆柱状垂直于粉砂岩层面,并露出表面。潜穴被上覆的砂岩充填。潜穴保存的几何形态表明其形成于沉积物-水界面之下几厘米之内(Droser et al.,2002b)。

在食物资源丰富且相对稳定的潮间环境中,食悬浮及部分食沉积生物由于其摄食方式的需要,其形成的遗迹化石一般为距离沉积物-水界面有一定深度的(2~4 cm)中阶层遗迹化石(表 5-2)(图 5-1)。

Thalassinoides horizontalis 由于其沉积环境为较低能的局限台地,造迹生物需要向下掘穴形成开放的三维潜穴(上部与海水连通),进而使造迹生物能够获取更丰富的食物资源,所以 *Thalassinoides horizontalis* 为中阶层遗迹化石。

表 5-2 中阶层遗迹化石及其遗迹群落的相关特征

遗迹化石名称	扰动深度	造迹生物	遗迹化石类型	觅食方式	食物来源	沉积环境
Treptichnid ichnosp.	沉积物-水界面之下 2~4 cm(根据潜穴形态判断)	蠕虫类(翻吻类)	居住/觅食迹	食悬浮	潜穴管水柱中富含的有机碎屑及浮游生物	潮间带
Bergaueria aff. *hemispherica*	沉积物-水界面之下 2~3 cm(根据潜穴形态判断)	刺胞动物(角海葵)	居住/觅食迹	食悬浮	潜穴管水柱中富含的有机碎屑及浮游生物、三叶虫	潮间带
Thalassinoides horizontalis	沉积物-水界面之下 2~4 cm	甲壳纲动物(海姑虾)	居住/觅食迹	食沉积	沉积物中的有机颗粒	潮下低能
Palaeophycus striatus	沉积物-水界面之下 1~2 cm	软体动物	居住迹	食悬浮	水中悬浮有机颗粒	潮间带

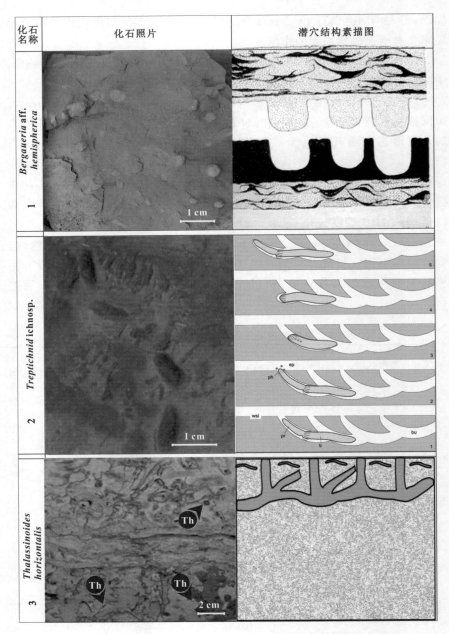

1—*Bergaueria* aff. *Hemispherica*；2—*Treptichnus* ichnosp.；3—*Thalassinoides horizontalis*。

图 5-1　中阶层遗迹化石

5.3 深阶层类型

深阶层遗迹化石包括 *Skolithos* 遗迹组构中的 *Arenicolites yunnanensis*、*Monocraterion ichnosp.*、*Skolithos linearis* 和 *Diplocraterion* ichnosp. 遗迹化石，*Scolicia* 遗迹组构中的 *Scolicia anningensis* 遗迹化石，鲕粒灰岩中 *Planolites* 遗迹组构中的 *Planolites montanus* 遗迹化石。

5.3.1 *Skolithos* 遗迹组构

Skolithos 遗迹组构中的遗迹化石由持久的深阶层的食悬浮生物或被动捕食生物构造所组成，可能由多毛虫或者帚虫所造。该遗迹群落记录了主动建造垂直潜穴的以水柱中悬浮颗粒为食的或者被动捕食其他生物的深层蠕虫状掘穴者的活动，据报道该潜穴最大的渗透深度可以达到 20 cm(图 5-2)。另外，*Skolithos* 遗迹组构处于高能动荡的前滨环境，生物为了适应动荡环境，会加深向下掘穴深度寻求相对稳定的生存空间。

5.3.2 *Scolicia* 遗迹组构

结合前人对造迹生物心形海胆造迹过程的研究(图 5-3)，发现在干净的潮间带砂质沉积物中，一些喜氧海胆的掘穴深度一般为 2～5 cm，而厌氧海胆掘穴深度可达 15～20 cm(Bromley,2000)。本研究区所发现的 *Scolicia* 可发育在深层的受到压实作用而较为固结的砂质沉积物中，这可以由潜穴中发育清晰的横纹而看出。推断在沉积物-水界面 5 cm 以内的沉积物由于含水量大，不易于潜穴保存，故应在沉积物-水界面之下更深处形成，潜穴深度应大于 5 cm，故为深阶层梯序类型。

5.3.3 *Planolites* 遗迹组构

Planolites 遗迹组构仅由 *Planolites montanus* 一种遗迹化石构成，该遗迹化石在鲕粒灰岩中均匀分布，存在鲕粒灰岩的地方几乎均有 *Planolites montanus* 发育。通过对 *Planolites montanus* 及其周围沉积物的野外特征详细描述，判断该遗迹化石为深阶层遗迹化石，证据如下。

① 呈近水平分布。*Planolites montanus* 潜穴在露头剖面上呈圆点状或者长条形[图 2-20(a)和图 5-4(a)]，偶尔可见与层面呈微倾斜状产出，未见任何垂直或高角度倾斜分布。一般来讲，高能环境多保存为垂直居住潜穴，从未单独保存为水平进食潜穴。

② 不发育外壁或衬壁[图 2-20(b)]。在高能环境中，由于水动力较强，粗粒沉积物多呈松散的流动状态，造迹生物必须分泌黏液形成外壁或衬壁才不至

化石名称	遗迹化石剖面照片	掘穴深度	遗迹化石特征描述
Skolithos linearis		5~20 cm	潜穴可向下延伸并切穿下覆的泥岩层，潜穴被上覆泥质沉积物充填，剖面只能暴露出潜穴管的一部分，因此潜穴可见掘穴深度一般要小于实际掘穴深度
Diplocraterion Ichnosp.		6~10 cm	*Diplocraterion*为垂直向下掘穴的潜穴，在层面上通常呈成对的圆点状，直径均一，约51 mm，层面上观察为圆点状，剖面上呈U形，可见掘穴深度为6~10 cm，充填物为上覆泥岩层的沉积物
Monocraterion Ichnosp.	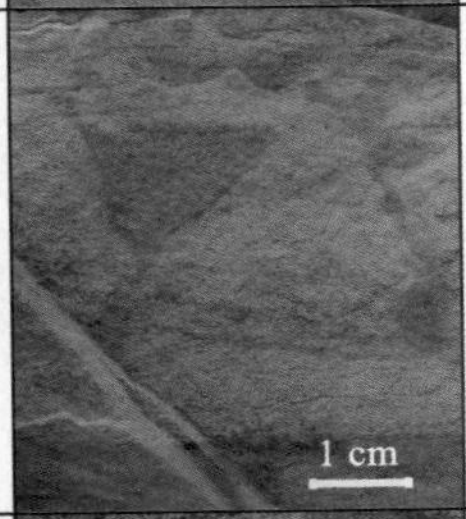	3~8 cm	剖面上观察呈小型漏斗状，潜穴上部最大直径为1.5~2.5 cm，深为2~3 cm，下部发育细的线形潜穴，长约2~5 cm，充填为细粒的土黄色泥质，被动充填，可见潜穴总深度在3~8 cm之间(该深度为漏斗状潜穴加下部线形潜穴的总长度)
Arenicolites yunnanensis	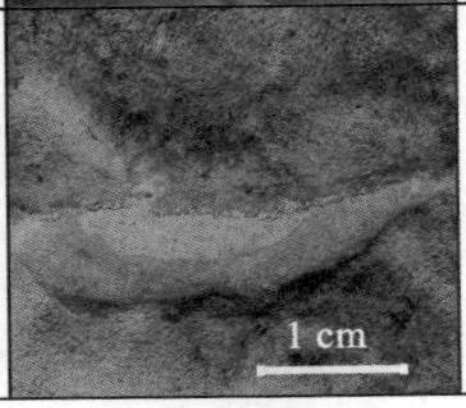	0.5~5 cm	呈坡度较缓的半环形，潜穴直径均匀，为3~5 mm，延伸深度为0.5~5 cm，潜穴边缘清晰，潜穴充填物为土黄色泥质，潜穴无坍塌现象

图 5-2　*Skolithos* 遗迹组构阶层深度

于潜穴坍塌。而研究区的 *P. montanus* 不发育衬壁，仅潜穴充填物边缘处鲕粒较围岩密集，这可能由造迹生物在鲕粒中掘穴并将阻挡其觅食的鲕粒推向两侧所造成。

③ 充填物为灰泥[图 2-26(a)(b)(c)]。从剖面上观察，潜穴充填物为土黄色的泥质，而在显微镜下观察，潜穴充填物为深灰黑色的灰泥，而潜穴外则为亮晶方解石胶结的鲕粒，二者截然不同。如果环境能量较高，潜穴充填的土黄色

5 遗迹组构阶层及底质特征

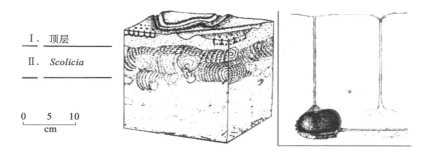

Ⅰ. 顶层
Ⅱ. *Scolicia*

图 5-3 *Scolicia* 造迹过程图（引自 Bromley,2000）
（其后一个废弃的竖井仍然相对完好地保存在泥质基底中，
上面是回填和偏离中心的排水管横切面）

灰泥物质极易受到水流或其他外力作用而发生流失或形变，但研究区所发现的 *P. montanus* 却能够在粗糙且富含孔隙水的鲕粒沉积物中得以完整保存，这充分表明潜穴被细粒的灰泥物质充填后，并没有受到水动力搅动作用的影响。

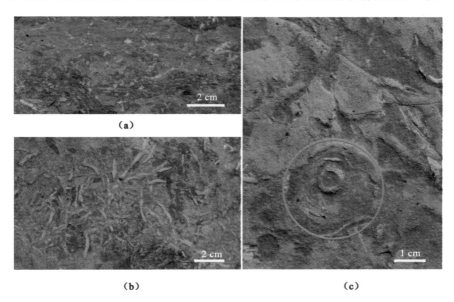

(a) *Planolites montanus* 剖面上呈圆点状；(b) *Planolites montanus* 水平分布于岩层层面上；
(c) 鲕粒灰岩中的大型鲕粒包粒（红色箭头），且其中发育 *Planolites montanus*。

图 5-4 鲕粒灰岩中的 *Planolites montanus*

④ 发育大量极细小的潜穴（图 5-5）。*P. montanus* 潜穴直径有大有小，直径

5 mm 左右最多见,局部发育极为细小的潜穴,潜穴直径为 1～2 mm,最小的不足 1 mm。在松散富水动荡的环境中,尤其是沉积物-水界面以下几厘米的松散富水的混合层沉积物中,沉积物由于易受到动荡水流作用的影响而被再次搅起,因此直径为 1～2 mm 的极细小潜穴根本无法保存。故只有在深阶层的稳定沉积物中,生物所造的遗迹才会大量完整地保留下来并形成遗迹化石。

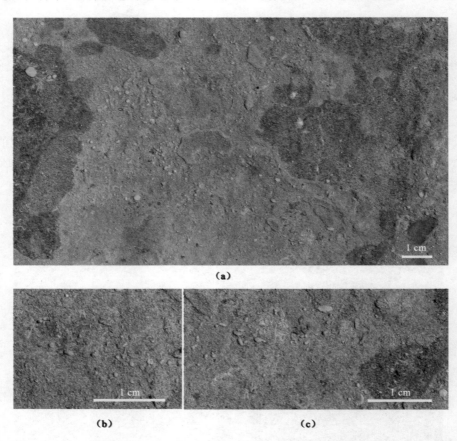

图 5-5　*Planolites montanus* 细小潜穴野外照片

⑤ 研究区寒武系第三统馒头组和张夏组深灰色鲕粒沉积物中存在着许多由鲕粒组成的具有复合球状构造的大型包粒[图 5-4(c)],直径为 5～14 cm,内部为近圆形,由浅灰色鲕粒及基质组成,外部包裹深灰色厚为 1～4 cm 不等的鲕粒包壳层,在岩层层面上观察呈环形。这些大型的具有复合球状构造的近圆形鲕粒包粒的形成晚于鲕粒的形成,需要在较高能的动荡环境中受到外力作用

而滚动才能够形成,也代表了高能的动荡环境(表 5-3)。这类鲕粒包粒常被充填为土黄色灰泥的 *P. montanus* 所切穿。这说明遗迹化石的形成不仅晚于鲕粒而且晚于高能滚动条件下形成的大型鲕粒包粒。造迹生物只有在鲕粒和大型鲕粒包粒沉积后且处于不易搅动的低能稳定条件下觅食才能保存为 *P. montanus* 遗迹化石。

依据上述分析,研究区鲕粒灰岩沉积中的 *P. montanus* 由深阶层造迹生物在鲕粒沉积物中觅食掘穴所形成。这些造迹生物不依赖于沉积物-水界面附近高能动荡水流带来的富营养物,而能在稳定的较深沉积物中生存并留下深阶层 *P. montanus* 遗迹化石。

5.3.4　*P. montanus* 遗迹化石阶层深度讨论

在动荡的现代海滩沉积物中存在着种类单一、数量庞大的以水平或近水平方式掘穴的造迹生物多毛类蠕虫,已有许多学者对其生存环境及掘穴深度进行了详细研究。美国华盛顿 Willapa 湾潮间带移动砂质沉积物中的多毛类 *Ophelia limacina*,它仅在毗邻河口的主通道的较低潮间带砂中出现,但是也可能出现在潮下带环境中。它们可存在于沉积物表面并且几乎可以达到沉积物以下 80 cm 的深度,而沉积物表面以下 40~50 cm 的潮间带核心处是生物个体较为聚合和密集的区域(180 个/m²),这里很少受物理过程的干扰。现代多毛虫周围的这种砂质沉积物能被海浪作用切成直波峰沙浪和新月形的高度超过 1 m 的巨浪痕,即使是这种非常动荡的沉积条件下其所造遗迹似乎具有很高的保存潜力,它们所造的遗迹出现在沙浪低谷下 15~60 cm 深的沉积物中。在海湾的主要通道里,类似的痕迹也出现在涨潮水平以下 15 cm 的沙中。古沉积物中痕迹高度聚集,可能反映了在沉积物表面以下大约 20 cm 深处,有大量特殊沉积物觅食者或者沉积物很少发生物理再造作用(Clifton et al.,1978)。

表 5-3　深阶层遗迹化石及其遗迹群落的相关特征

遗迹化石名称	扰动深度	造迹生物	遗迹化石类型	觅食方式	食物来源	沉积环境
Arenicolites yunnanensis	沉积物-水界面之下 0.5~5 cm	软体动物	居住/觅食迹	食悬浮	潜穴管水柱中富含的有机碎屑及浮游生物	潮下高能
Monocraterion ichnosp.,	沉积物-水界面之下 3~8 cm	软体动物	居住/觅食迹	食悬浮	潜穴管水柱中富含的有机碎屑及浮游生物	潮下高能
Skolithos linearis	沉积物-水界面之下 5~20 cm	软体动物	居住/觅食迹	食悬浮	潜穴管水柱中富含的有机碎屑及浮游生物	潮下高能

表 5-3(续)

遗迹化石名称	扰动深度	造迹生物	遗迹化石类型	觅食方式	食物来源	沉积环境
Diplocraterion ichnosp.	沉积物-水界面之下 5~14 cm	软体动物	居住/觅食迹	食悬浮	潜穴管水柱中富含的有机碎屑及浮游生物	潮下高能
Scolicia anningensis	沉积物-水界面之下 2~20 cm	心形海胆	觅食迹	食沉积	沉积物中的有机颗粒	潮间带
Planolites montanus	沉积物-水界面之下 15 cm 以下	多毛类	觅食迹	食沉积	沉积物中的有机颗粒及微生物	潮下高能

Seike(2009)在现代日本 Hasaki 海滩沉积物中发现,深阶层造迹生物多毛类蠕虫 *Euzonus* 的垂向分布范围在 32~73 cm 之间,其所造的水平觅食潜穴在高能海滩砂质沉积物的扰动深度范围为 32~176 cm,并且均垂直于海岸线分布,平行于水流方向。*Euzonus* 快速地向陆地方向穿过沉积物移动是为了逃避海浪的冲刷。本书所研究的豫西中寒武世第三统张夏组鲕粒灰岩中所发现的 *P. montanus* 呈无定向性弯曲分布,表明其造迹生物生存环境的水动力较前滨波浪带弱,水流方向不定,呈紊流状态,生物不需要通过快速穿越沉积物来躲避海浪的侵蚀。其环境能量较 Koji 所描述的多毛类蠕虫 *Euzonus* 所处前滨环境能量低,应处于临滨环境。

结合前人研究,底部 15 cm 以内沉积物易受水动力侵蚀作用而影响生物遗迹的保存,故其所造的 *P. montanus* 遗迹化石应该至少在海底沉积物 15~20 cm 以下才能够得以保存。*P. montanus* 在沉积物中的密集扰动区域在沉积物之下 40~50 cm 范围之内,由于 *P. montanus* 在鲕粒灰岩中均匀且密集地扰动,只要有鲕粒灰岩的地方均有 *P. montanus*,所以其最大扰动深度与鲕粒沉积厚度呈正相关关系。

结合上述分析,在较高能的潮下带环境中,生物为了躲避高能水动力的搅动,更倾向于在沉积物之下较深处觅食和生活,生物掘穴或扰动深度也较稳定环境中掘穴或扰动深度大,约 5 cm 以上,最深可达几十厘米,易形成深阶层遗迹化石(表 5-3)。而深阶层 *Scolicia anningensis* 源于食沉积生物的摄食方式而形成。

5.4 豫西寒武系馒头组遗迹化石阶层构造模式图

根据前文所作出的对寒武纪馒头组遗迹化石的阶层构造分析,可以将遗迹化石阶层构造划分为 3 种类型:① 浅阶层类型。此类型由潮间环境中的食沉积或捕食性三叶虫类节肢动物和食沉积/碎屑生物(多毛虫等)所形成的浅阶层遗迹化石组成。② 中阶层类型。此类型由潮间环境中的食悬浮生物(角海葵或翻吻动物)和局限台地环境中甲壳类所造的中阶层遗迹化石组成。③ 深阶层类型。此类型由高能滨岸浅滩环境中的食悬浮生物、高能鲕粒滩环境中的多毛类以及泥砂坪中的心形海胆所造的深阶层遗迹化石组成(图 5-6)。

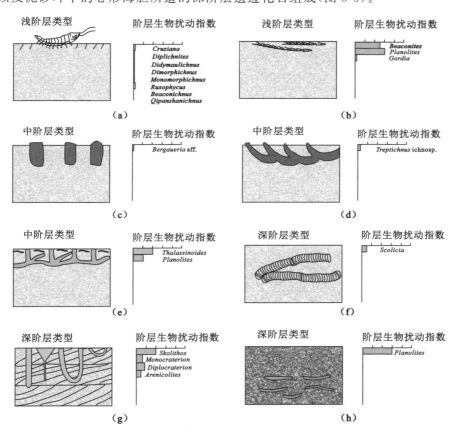

(a)以节肢动物抓痕为主的浅阶层遗迹组构;(b)低能潮坪环境软质基底中形成的带新月形构造的浅阶层 *Beaconites antarcticus* 遗迹组构;(c)泥砂坪中的中阶层垂直潜穴 *Bergaueria* aff. *Hemispherica*;(d)泥砂坪中的中阶层 *Treptichnus* ichnosp. 遗迹化石;(e)低能潮下带局限台地沉积物中的中阶层 *Thalassinoides* 遗迹组构;(f)潮间带泥砂坪中的深阶层 *Scolicia* 遗迹组构;(g)潮下高能带鲕粒灰岩中的深阶层 *Skolithos* 遗迹组构;(h)潮下高能风暴成因交错层理鲕粒灰岩中发育的深阶层 *Planolites* 遗迹组构。

图 5-6 遗迹组构阶层类型模式图和各阶层遗迹化石扰动指数
(修改自 Bromley,1996)

5.5 固底底质的控制因素

底质的黏稠度包含了能够控制沉积物机械性质的多种因素(如粒度、分选度、含水量、有机质含量、黏液的黏合作用等)错综复杂的相互作用(Bromley, 1990,1996)。相反,沉积物组成直接影响底质的黏稠性。底质固结程度可能会发生侧向、垂向或临时的变化。由于环境的不均一性,底质的侧向变化发生在不同的沉积物表面(例如潮间带区域包含了水上及水下区域)。垂向变化是沉积物水含量的减少以及沉积物压实作用的增加而造成的。本研究区所出现的固底底质主要受以下条件控制。

(1) 沉积物粒间孔隙及含水量

潜穴若要具有良好的可保存性,那么就要求周围沉积物具有极低的空隙度和含水量,粒间空隙度大的沉积物颗粒之间易被海水充填并形成流动性较强的不易固结的基底。当沉积物颗粒之间具有极低的空隙度时,这能使沉积物具有极低的含水量,在对沉积物加压时能够易于脱水变得固结而更能抵抗生物扰动所造成的剪切力,而生物的移动则促进了沉积物的压实作用,从而易于遗迹化石的保存。

(2) 暴露或被水淹没

干旱(例如漫滩沉积物)或潮坪沉积物间歇性暴露而较易产生有黏结性的底质。沉积物暴露地表时受到蒸发作用,这使沉积物发生脱水固结。另外,当沉积物暴露地表接受侵蚀之后,其下部较固结沉积层变为上部沉积物,这也会形成固结的底质条件(Bromley,1996)。在现代的一些环境中,固底底质处在暴露的受侵蚀的上部沉积层;而较深层的固底条件通常是逐渐增加的脱水和压实作用而导致的(Bromley,1996)。

(3) 较低的生物丰度及分异度

沉积物中的扰动生物越少,对底质的固结越有利。由于部分生物扰动能够对沉积物起到混合的作用,扰动生物较多时,沉积物的混合程度增大,空隙度增大,沉积物变得疏松而富含水,不利于沉积物的固结。

(4) 缓慢的沉积速率

固结的底质沉积物可能是极缓慢的沉积速率并且缺少发育良好的混合层导致的(Mángano et al.,2012)。寒武世早期底质为固底条件,压实作用并不是其最主要的原因,而泥质沉积物在缺少扰动生物的条件下加速脱水才是导致底质成为固底的重要因素,仅需要这一个过程便会形成具有黏结性表面的沉积物。

(5) 沉积物的组成

在有机质含量较少的砂岩中,沉积物大多由矿物颗粒组成而缺少有机质,所以其沉积物较不易发生固结作用。而在有机质含量较多的沉积物中,沉积物颗粒易由于有机质的黏结作用而吸附在一起,形成具有韧性的沉积底质。例如,发育微生物席的黏结性固底底质,能够保存各种各样的生物成因构造,如水母实体化石和一套由大型似软体动物痕迹 *Climactichnites* 及与它相关的停息迹 *Musculopodus*,以及由节肢动物足迹(*Protichnites*)组成的特殊遗迹组构(Yochelson et al.,1993;Hagadorn et al.,2008;Seilacher,2008)。

其他因素如早期成岩作用(碳酸盐岩底质)也会导致底质固结程度的增加。

5.6 遗迹化石底质固结程度的鉴别方式

本研究区遗迹化石可以分为软底和固底两种类型,大多数都为保存极为精美的固底遗迹化石,故本书对固底遗迹化石进行着重分析。目前我们可以通过一些野外对比的方法来鉴别底质的固结程度(Gingras et al.,2000)。

① 软底。这代表了未固结的沉积物,并且其中居住了大量的掘穴者,是最适合繁殖和保存生物构造的底质。软底遗迹组构是以新月形回填构造、不发育纹饰为特征的[图 5-7(b)(c)]。软底中潜穴经常发育有加固的衬壁[图 5-8(a)](如 *Thalassinoides*)。

② 固底。固底是未胶结的经过压实和脱水的沉积物。固底控制的遗迹化石一般不发育衬壁,外壁基本平直[图 5-7(a)],潜穴在沉积物中掘穴深度大且不变形[图 5-8(b)(c)],并且充填物与围岩完全不同,潜穴多为开放系统,遗迹分异度极低,且潜穴没有受到明显的压实,一般保存有清晰、精细的形态细节[图 5-9(a)和图 5-10(b)]和较低的变形程度(Goldring,1991;齐永安等,2001;Droser et al.,2002b)。随着底质固结程度的增加,个体痕迹的清晰度增加,痕迹的宽度减小,连续的痕迹减少。固底遗迹组构以发育条纹的遗迹化石为特征(例如,*Palaeophycus striatus* 居住遗迹)(Mángano,2011)。

同一种遗迹化石在不同的沉积底质上所表现出来的特征不相同。如图 5-7(a)(b)所示,在馒一段泥裂的粉砂质泥岩表面发育的 *Beaconites antarcticus* 外壁平直,不发育新月形回填纹,潜穴长度和直径都比软底沉积物中遗迹化石的略短小,且层面上可见潜穴覆盖在泥裂上[图 5-7(a)],证明造迹生物造迹时沉积物为有泥裂发育的干旱固结状态,这反映了底质的固结程度对生物活动的限制作用。

寒武至奥陶纪浅海沉积物中不寻常的拖迹和有精致纹饰的潜穴,开放的皱

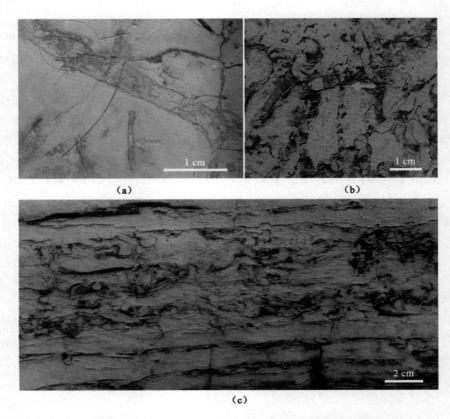

(a) 固底上发育的 *Beaconites antarcticus*,发育泥裂,遗迹化石覆盖泥裂(红色箭头),
显示泥裂的形成先于遗迹化石的形成;
(b) 软底上发育的具新月形回填纹的 *Beaconites antarcticus*(红色箭头);
(c) 软底发育遗迹化石对层理面有一定扰动作用。

图 5-7　碎屑岩固底和软底上发育的 *Beaconites antarcticus*

饰迹[图 5-9(a)]以及表面黏附的潜穴被看作固底底质的证据,这已经被许多学者所认识和接受(Droser et al.,2002b,2004;Dornbos et al.,2004,2005;Jensen et al.,2005;Mángano et al.,2013)。由于底质逐渐干燥脱水,发育在压实的沉积物中的清晰痕迹通常会切穿形成于较软底质中的较不清晰的痕迹(Uchman et al.,2000;Mángano et al.,2004a,2007;Scott et al.,2009)。Bromley(2001)发现如果底质过硬而造迹生物体重不大,脊椎动物的足迹则不会保存下来,然而如果底质相对固结,则能够保存附肢(如毛发、鳞屑和爪子)所造的精美构造。造迹生物从在沉积物中游泳(软底)到食沉积被动充填(固底)都是随着底质黏结性的增大而出现的结果(Schieber,2003)(图 5-10)。

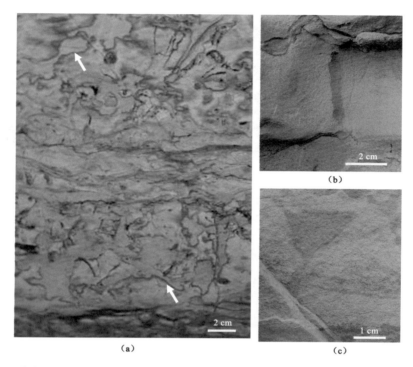

(a) 软底微晶灰岩中的 *Thalassinoides horizontalis*，潜穴边界形态不规则，发育较薄的衬壁，掘穴深度小且潜穴变形明显；(b) 固底鲕粒灰岩中的 *Skolithos linearis* 和 *Monocraterion* Ichnosp.，不发育衬壁，边界明显且平直，掘穴深度大且不变形。

图 5-8 碳酸盐岩软底和固底底质中发育的遗迹化石

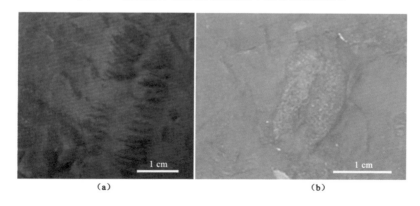

(a) 固底砂岩表面形态清晰的 *Rusophycus yunnanensis*；
(b) 软底保存的 *Rusophycus yunnanensis*，仅能看清轮廓。

图 5-9 软底和固底沉积物表面的 *Rusophycus yunnanensis* 遗迹化石

(a) 在软底颗粒较粗的砂岩表面保存的 *Cruziana rouaulti*，呈二叶式结构，内部纹饰不清晰；
(b) 在固底砂岩表面保存的 *Cruziana barbata*，内部发育纤细的横向抓痕。

图 5-10 软底和固底中的 *Cruziana rouaulti* 和 *Cruziana barbata* 遗迹化石

5.7 豫西寒武系馒头组碎屑岩中的固底遗迹化石

豫西寒武系馒头组展示了由潮坪相到浅海相的过渡，由生物扰动板状交错层理和波状交错层理砂岩、砂岩和泥岩薄互层，以及紫红色泥岩组成。馒头组二段至三段整体上代表了间歇性暴露的潮间带或者潮下浅水区域沉积环境。根据之前所分析的固底遗迹化石的特征，我们在豫西寒武系馒头组碎屑岩中识别出了固底控制的遗迹化石（图 5-11），包括 6 种：① *Cruziana-Rusophycus* 遗迹组构及 *Beaconichnus-Diplichnites* 遗迹组构中保存精美的抓痕标志，包括遗迹化石 *Beaconichnus* ichnosp.、*Cruziana barbata*、*Diplichnites* ichnosp. 1、*Diplichnites* ichnosp. 2、*Dimorphichnus* cf. *obliquus*、*Diplichnites subtilis*、*Diplichnites robustus*、*Monomorphichnus bilinearis*、*Monomorphichnus linearis*、*Qipanshanichnus gyrus*、*Rusophycus ramellensis*、*Rusophycus yunnanensis*；② *Scolicia anningensis*；③ 附着在沉积物表面的悬浮滤食生物所造的遗迹 *Treptichnid* ichnosp.；④ *Bergaueria* aff. *Hemispherica*；⑤ 发育精致纵向抓痕的居住迹 *Palaeophycus striatus*；⑥ 固底粉砂质泥岩表面无回填 *Beaconites antarcticus*，其中还有包括未命名的节肢动物爬痕[图 5-11(b)(d)]。

保存完好的抓痕虽然出现在沉积物表面之下砂-泥岩界面处，但它们大多形成在离沉积物-水界面不远的相对较浅的区域。遗迹化石表面沉积物颜色极为统一，代表了沉积混合层的缺失。下面通过以下几个方面对豫西馒头组碎屑岩表面发育的抓痕遗迹化石的各项保存特征进行详细分析：

5 遗迹组构阶层及底质特征

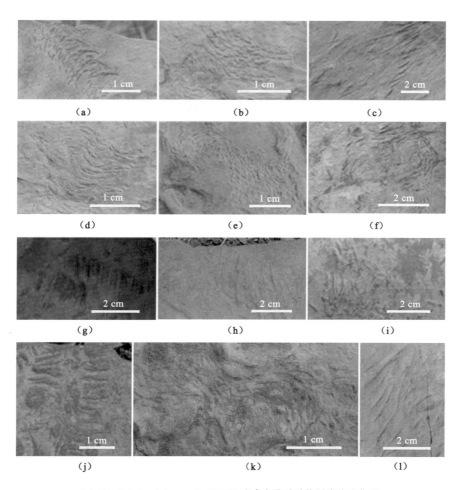

(a) *Diplichnites* ichnosp. 2；(b)(d) 未命名节肢动物抓痕遗迹化石；
(c) *Monomorphichnus bilinearis*；(d) *Diplichnites* ichnosp. 4；
(e) *Beaconichnus* ichnosp.；(f) *Diplichnites* ichnosp. 1；
(g) *Rusophycus ramellensis*；(h) *Dimorphichnus* cf. *obliquus*；
(i) *Diplichnites subtilis*；(j) *Diplichnites robustus*；
(k) *Qipanshanichnus gyrus*；(l) *Monomorphichnus linearis*；
(m) *Cruziana barbata*；(n) *Rusophycus yunnanensis*。

图 5-11 *Cruziana-Rusophycus* 遗迹组构中的固底遗迹化石

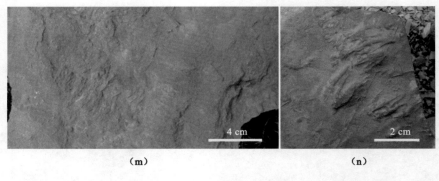

图 5-11(续)

① *Cruziana-Rusophycus*、*Beaconichnus-Diplichnites* 遗迹组构。各类似三叶虫爬痕及抓痕均具有以下固底遗迹化石的特征：a. 浅表型遗迹化石,仅在砂岩与泥岩的接触面上发育。b. 出色的保存细节。保存清晰附肢痕迹的节肢动物爬行迹,抓痕清晰可见,一般较短且细,最大长度约 1 cm,最短只有 2 mm,且单个抓痕痕迹宽度极细,在 0.2～2 mm 之间,展现了极其精细的保存细节。c. 痕迹均较为短小,较少见长而连续的单个痕迹,多由短且纤细的足肢痕迹组成。高质量的化石保存特征表明沉积物已经足够固结(图 5-11)。

② *Scolicia* 遗迹组构。砂岩中保存的深阶层固底遗迹化石 *Scolicia* 则是砂质沉积物的压实脱水作用而导致的,另外其造迹生物海胆类掘穴过程中分泌的黏液也会对 *Scolicia* 起到一定的保护作用。其潜穴中清晰的横纹显示了固底底质特征(图 5-12)。

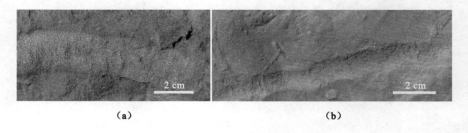

图 5-12 固底 *Scolicia* 遗迹化石

③ *Treptichnus* 出现在砂岩层层面上,表现为附着发育,并发现潜穴并没有边缘加固的迹象。潜穴充填物来自上覆岩层,充填物与围岩差别较大。前人曾经报导 *Treptichnus* 也出现在某黏结性的底质中(Droser et al.,2002a)[图 5-13(a)(b)]。

5 遗迹组构阶层及底质特征

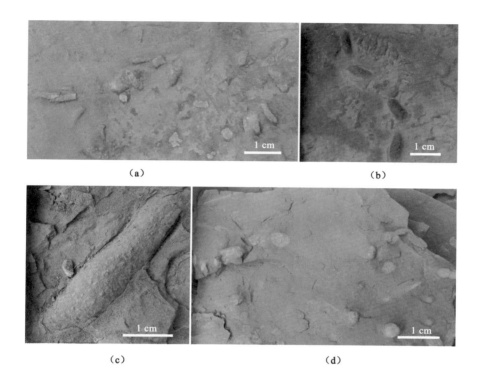

(a)(b) 在紫红色砂岩表面附着生长的潜穴边界清晰的 *Treptichnus* ichnosp.；
(c) 发育纵向沟痕的 *Palaeophycus striatus*；
(d) *Bergaueria* aff. *hemispherica*.，充填物与围岩性边界清晰。

图 5-13 代表固底条件的居住潜穴

④ *Palaeophycus striatus* 水平分布于土黄色泥岩中，潜穴表面有连续且清晰的平行纵向沟纹，抓痕短且细，宽度为 0.2~0.5 mm，长度为 1~2 mm。这些细微的保存特征在泥岩中能够保存地如此完整和清晰，则要求底质条件必须有一定程度的黏结性[图 5-13(c)]。

⑤ *Bergaueria* aff. *hemispherica* 潜穴有清晰光滑的边缘且不发育衬壁，充填物与围岩差别大。该潜穴呈短圆柱状且垂直于粉砂岩层面并露出于表面，潜穴被上覆的砂岩充填[图 5-13(d)]。

⑥ 固底 *Beaconites antarcticus*。不发育回填纹，潜穴边界平直且清晰，潜穴长度较短小，围岩发育泥裂，且遗迹化石在泥裂之上发育，显示了生物造迹时沉积物发生干旱固结[图 5-7(a)]。

Cruziana 和 *Rusophycus* 遗迹相中保存精美的抓痕标志、砂岩表面附着生

长的遗迹 *Treptichnid*、泥岩中的垂直潜穴 *Bergaueria* aff. *Hemispherica*、发育精致纵向抓痕的居住迹 *Palaeophycus striatus* 以及固底粉砂质泥岩表面无回填的 *Beaconites antarcticus* 等均发育在潮坪沉积环境中,水体较浅。因此,其底质的固底性质不会由压实作用导致,可能由于间歇性暴露而较易产生黏结性的底质。由于潮坪会有规律性地暴露及被潮汐淹没,伴生的沉积物孔隙流体含量将会在潮汐周期中变化。另外,这也可能是极缓慢的沉积速率并且缺少发育良好的混合层所导致的(Mángano et al.,2004a)。而深阶层遗迹化石 *Scolicia* 则是深水压实作用和生物黏液的黏结作用而形成的,属固底遗迹化石(Mángano,2011)。

5.8 豫西寒武系馒头组遗迹化石及底质相互关系

结合豫西寒武系馒头组所出现遗迹化石与其相应底质之间的关系可以看出,遗迹化石的形态随底质固结程度的增加而变得越来越清晰,保存质量也越来越完整(图 5-14)。

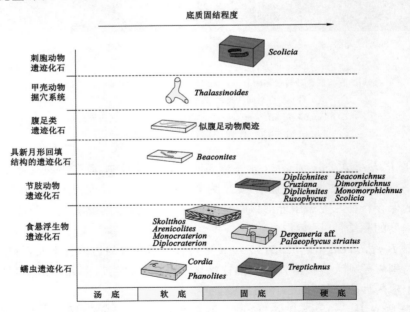

图 5-14 豫西寒武系馒头组所出现的各种遗迹化石形态与
不同底质固结程度之间的相互关系
(潜穴形态保存质量与底质的黏结性成正相关)

根据底质固结程度,潮坪遗迹化石也表现出突出的形态变化(Mángano et al.,1998,2002;Uchman et al.,2006)。底质较软时遗迹化石形态较不规则,且一般发育衬壁,边缘较模糊,发育新月形回填纹;而底质较为固结时,潜穴边缘清晰、平直,轮廓明显,且发育有保存极好的纹饰(抓痕、回填纹等)。

5.9 豫西寒武系馒头组碳酸盐岩中的固底遗迹化石

豫西寒武系馒头组交错层理鲕粒灰岩中所发育的 *Skolithos* 遗迹组构中的 *Skolithos linearis*、*Diplocraterion* ichnosp.、*Arenicolites yunnanensis* 和 *Monocraterion* ichnosp. 等遗迹化石都具有以下特征:① 均为深阶层遗迹化石。扰动深度较大,有时潜穴可以切穿下覆岩层。② 保存质量极好。均为直径均匀的管状潜穴,潜穴边缘清晰,这些遗迹化石的共同特点为边缘平滑,无变形、压实和坍塌现象。③ 不发育衬壁。这些遗迹化石集群为食悬浮或滤食生物所造的开放式居住潜穴,潜穴壁平直,不发育衬壁。④ 充填物与围岩反差大。潜穴被动充填为上覆土黄色的泥质,与围岩岩性差别较大(图5-15)。

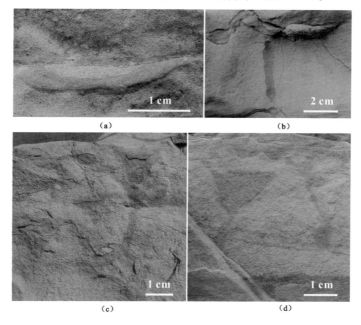

(a) *Arenicolites yunnanensis*;(b) *Skolithos linearis*;
(c) *Diplocraterion* ichnosp.;(d) *Monocraterion bilinearis*。

图 5-15 碳酸盐岩中的固底遗迹化石

发育 Skolithos 的鲕粒灰岩底质微观特征描述如下：

结合对鲕粒灰岩的显微特征（表 5-4）观察发现，鲕粒灰岩中主要以放射鲕为主[图 5-16(a)(b)]，约占颗粒总量的 50%，其他类型鲕粒还包括同心-放射鲕、微晶鲕、放射-同心鲕和晶体鲕。鲕粒直径较小，一般为 200～400 μm，鲕粒核心多为灰黑色的泥质团块，鲕粒之间为泥晶方解石胶结，鲕粒之间为基质支撑，显示了较小的孔隙度及含水量，易于沉积物因压实和脱水作用而固结。

表 5-4 馒头组三段下部含 Skolithos 鲕粒灰岩中鲕粒特征

鲕粒类型	含量	主要成分	核心组成	鲕粒形态特征
放射鲕	50%	微晶方解石	砂屑、泥晶团粒、岩屑、藻团块、生物碎屑	鲕粒分选性较好，大部分呈圆形、椭圆形，极少数呈棒状，粒径为 200～400 μm，内部结构较模糊，放射纹多不连续
同心-放射鲕	20%	微晶、微亮晶方解石	砂屑、泥晶团块、石英颗粒	鲕粒分选性较好，呈圆形、椭圆，粒径为 200～300 μm，鲕粒内部为直径较小的纯放射鲕，外部包裹 2～3 层同心层，包壳同心纹层不清晰
微晶鲕	15%	微晶方解石	无核心	鲕粒磨圆较好，分选性好，粒径为 150～250 μm，呈暗土黄色，泥晶化严重，内部结构无法识别
放射-同心鲕	8%	微晶方解石	泥晶团块、岩屑	鲕粒分选较好，大部分呈球形，少量呈椭球形，粒径为 200～300 μm，放射纹较清晰，同心纹层较模糊，隐约可见放射纹由内至外切穿同心纹层
晶体鲕	7%	单个或多个亮晶方解石	无核心	分选一般，粒径为 150～300 μm，内部较混浊，多发育有泥晶套，鲕粒因受溶蚀重结晶作用而无法辨认其内部显微组构

通过显微观察发现，发育 Skolithos 的鲕粒沉积物中鲕粒颗粒之间有挤压及压溶现象（图 5-16）。可见放射状鲕粒之间发育锯齿状的接触面，显示当时鲕粒沉积物受到了压实作用。Skolithos 潜穴壁与充填物之间有呈锯齿状的接触面，可以判断造迹生物的发掘活动使沉积物发生了刚性的破裂，从而形成棱角分明的断裂面，有时可见潜穴边缘存在的破碎鲕粒[图 5-16(c)，黑色箭头]。这些镜下特征均表明 Skolithos linearis 造迹生物掘穴时期，周围的鲕粒沉积物已经受到了压实作用，潜穴壁上发育的刚性侵蚀面和破碎鲕粒表明沉积物已经较为固结，沉积物为固底底质。

5 遗迹组构阶层及底质特征

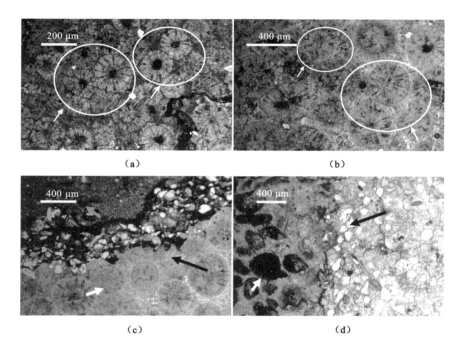

(a)(b)鲕粒灰岩的显微特征,以放射鲕为主,具锯齿状的压溶线
(箭头指示鲕粒压实作用,单偏光,×50);(c) *Skolithos* 潜穴边缘
(白色箭头)及充填物(红色箭头),可见潜穴壁发育锯齿状侵蚀面(黑色箭头)
(单偏光,×50);(d) *Skolithos* 潜穴边缘(白色箭头)及充填物(红色箭头),
充填物中含大量石英颗粒,潜穴壁发育锯齿状侵蚀面(黑色箭头),
鲕粒表面亦受生物挖掘侵蚀作用。

图 5-16 馒头组三段鲕粒灰岩中的 *Skolithos linearis* 及围岩的显微特征

该段沉积环境为能量较高的高能潮间带下部和潮下带上部,属于较深层沉积物,其固底条件通常是逐渐增加的脱水和压实作用导致的(Bromley,1996)。压实作用能够降低沉积物流动性且使其更加坚硬。正是由于鲕粒沉积物极小的孔隙度,所以沉积物颗粒间含水量极低,易于固结。

6 基于遗迹化石的豫西寒武系馒头组营养网特征

生物对边缘海和大陆环境的入侵在二十一世纪以来引起了相当大的关注(Droser et al.,2002a;Davies et al.,2009,2010;Kennedy et al.,2011;Retallack,2011;McIlroy,2012;)。遗迹学为我们进一步了解潮间至浅潮下生态学特征提供了重要的帮助。最早被广泛接受的关于陆生动物的遗迹学证据是以上奥陶统节肢动物痕迹的出现为代表的(Johnson et al.,1994;Davies et al.,2011)。如同上寒武统到下奥陶统潮上或后滨沉积物中的足迹和二叶石遗迹化石的保存所表示的一样,两栖节肢动物周期性向陆地入侵显著早于真正陆地生物群的出现(MacNaughton et al.,2002;Collette et al.,2010;Hagadorn et al.,2011.)。自早寒武世之后遗迹群落出现在了潮间沉积物中,表明生物对潮坪的寄居发生得甚至更早(Buatois et al.,2011)。前人早就注意到,节肢动物有能力周期性向内陆迁徙,因为他们是两栖洄游型或者是咸水挤入型生物(Buatois,2005)。在某些情况下,微咸水条件和潮汐影响范围可以向内陆扩展 65 km(Shanley et al.,1992)。较多近岸潮坪环境中的遗迹群落是由缺少底栖生物群分层的层面或者极浅的构造组成的,正如本书所描述的砂泥混合坪中发育的精细的节肢动物抓痕遗迹化石一样。本书研究的豫西寒武系第二统和第三统馒头组沉积物中大多数遗迹化石发育在可代表潮间带或者浅潮下沉积环境的紫红色波状砂岩夹薄层褶皱泥岩中。大量褶皱泥岩的出现是潮汐作用的证据,局部褶皱标志反映了微生物席的稳定作用(Mángano et al.,2012)。

寒武纪底栖群落,与分析现代环境中与他们相对应的生物一样,可通过查明他们所造遗迹化石的分布和发育条件来进行分析,例如:生物因素[多样性、营养网、觅食策略、栖息地适应性、微生物相互作用、共生、招募(成员的补充)、寿命、生存空间分区和群落完整性、抵抗力和恢复力的等级]和非生命因素(光照强度、温度、盐度、氧的可用性、水化学和底质化学、水的运动、浑浊度、营养物、沉积物的输入、基质的一致性)。非生命因素可能是组成有机物竞争性的基础控制因素,因为它们其中的一些因素是受限的(如光、氧的可用性以及水流、营养物质、底质等)。这里我们主要对组成寒武纪馒头期营养网的生物群落进行分析,并且概括了寒武纪馒头期生物群落的多样性。

6.1 潮下带营养网特征

豫西寒武系馒头组遗迹属包括推测的三叶虫遗迹化石(*Cruziana*、*Rusophycus*、*Diplichnites*、*Beaconichnus*、*Dimorphichnus*、*Monomorphichnus*、*Qipanshanichnus*)、蠕虫状的生物所造的较浅的潜穴和痕迹(*Planolites*、*Palaeophycus striatus*、*Beaconites antarcticus*、*Gordia*)、固着刺胞动物所形成的中阶层构造(*Bergaueria* aff. *hemispherica*)、甲壳纲十足动物所造的中阶层潜穴(*Thalassinoides*)、蠕虫类翻吻动物所造的中阶层遗迹化石(*Treptichnus*)、蠕虫状生物所造的较深阶层潜穴和痕迹(*Skolithos*、*Arenicolites*、*Diplocraterion*、*Monocraterion*)以及棘皮动物所造的深阶层潜穴(*Scolicia*)。这些遗迹化石在沉积物中的分层情况相对简单。

遗迹化石在营养类型和觅食策略上都提供了有价值的信息。营养类型可以广泛地定义为一群通常以相同方式觅食的生物(Bambach,1983;Bambach et al.,2007)。换句话说,特定的食物资源总是被以相似的方式开发利用。食物是生物生活最基本的需求,根据它们身体结构的可能性,每个无脊椎动物为了从周围获得必要的营养都要具备摄食的条件和策略。生物吃什么、与生物生活场所有关的这种食物资源在哪、这种资源有多普遍等,都决定物种对食物需求的适应性(Mángano et al.,1999)。营养类型是建立在食物类型的基础上的,资源产地与沉积物-水界面有关,并且涉及通用的觅食机制。有五个主要觅食类型:食悬浮、食碎屑(也称为表面食碎屑)、食沉积(也称为开采)、牧食和捕食(Bambach et al.,2007)。

本书中将寒武系第二统和第三统馒头组生物群落分为两部分:① 主要生产者,通过改变光能和/或化学能来生产有机物;② 消费者,以生产者或彼此为食。

① 生产者

寒武纪第二至第三世馒头期主要底栖生产者更可能是起结构建造作用的细菌(微生物)如肾形菌、附肢菌、葛万藻等(图 6-1)和其他类似的自养生物(Pratt,1984;Riding,1991)。由于它们在寒武纪馒头-张夏期的凝块岩中很常见,Rowland 等(1988)指出它们是依靠光能异养甚至是化能异养的独特自养生物。一些钙化的细菌也有隐生现象(Zhuravlev et al.,1995)。

在寒武纪馒头期的叠层石和凝块石,正像现代海洋环境中的非钙化细菌一样,毫无疑问在大多数沉积物表面大量生长。非钙化细菌通过诱导各种各样空隙类型中微晶灰岩沉淀,来为生物礁泥的岩化做铺垫(Chafetz,1986);细菌是寒武纪微晶质碳酸盐的主要生产者(Riding,1991)。

浮游生物界主要的生产者包括自由活动的附着生活的细菌和浮游生物,他们是固着滤食和食悬浮生物的主要食物来源。寒武纪浮游植物是由疑源类和绿藻类组成的。疑源类可能是多元来源的内囊,它们拥有与花粉孢子一样的壁,与真核细胞在光合作用下生产出来的壁相类似:数量极为丰富,体型较小,属绿藻类的浮游孢子囊类型。但我们在豫西馒头组研究中尚未发现。

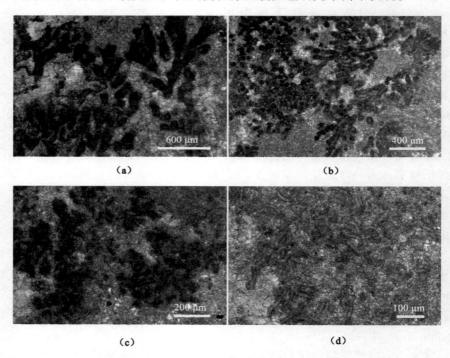

(a)(b) 附枝菌;(c) 肾形菌;(d) 葛万藻。

图 6-1 豫西张夏组底部凝块岩中的微生物类型

② 消费者

(1) 食悬浮生物。食悬浮生物捕获潜穴水柱中的悬浮颗粒,通常以不用向周围移动的固着的生长方式来获取必需的营养。食悬浮蠕虫类生物所造的遗迹化石通常显示为保存在纯净砂质沉积物中的发育衬壁的简单的垂直潜穴(*Skolithos*、*Monocraterion*)或 U 型潜穴(*Arenicolites*、*Diplocraterion*)。一些食悬浮的刺胞动物角海葵类也可能造出中阶层垂直居住潜穴(*Bergaueria* aff. *hemispherica*)。

食悬浮策略也会有一些简单的水平潜穴，例如 *Palaeophycus* 是由许多生物造成的，包括多毛虫（Pemberton et al.，1982）。海百合和拥有圆柱径的直立固着生物，为中级食悬浮生物（Sprinkle，1992）。棘皮动物都是运动、固着或者吸附的低等表栖食悬浮生物，捕捉细小的食物颗粒，始海百合和软舌螺拥有侧腹突出的唇舌，具有一对可延长、弯曲的像支柱一样的能有限移动且具有复杂肌肉系统触手，缺少唇舌。一些软舌螺在底部稍微高点的水流速率条件下偏向于选择食悬浮的生活模式（Landing，1993）。寒武纪棘皮动物被报道主要产于泥质的潮下硅质碎屑单元，但是通常在附近的暗礁中可发现许多棘皮动物板（Rowland et al.，1988）。

滤食生物是食悬浮生物的一个类型，它们在食物获得上采取有机过滤机制（Walker et al.，1974）。海绵，包括古杯动物、六射海绵类（*Eiffelia*、*Wagima*、*Jawonya*）和可能的钙质海绵类（*Dodecaactinella*、*Gravestockia*、*Bottonaecyathus*）都是固着滤食生物，与现代类比物相对比可知，他们主要以浮游细菌为食。他们生存的区域有相对较高的沉降速率且较为动荡，Wood 等（1992）认为它们宁可选择在动荡的水条件中生活。古杯类动物能够生产大量的二级骨架，他们可以作为一种黏合剂，以抵御相对动荡不安的条件。针状海绵或斧海绵类，在寒武纪馒头期之后无竞争力地取代了古杯类动物。

腕足类显示了更为复杂的结构设计，其解剖构造特别适应滤食。寒武纪腕足类能够适应不同的底质类型，如固着、类底栖或间隙水形式。它们在觅食习惯上的不同可以反映他们在骨骼构成上的差别：舌形贝以浮游植物为食，而 *Calciata* 包括之前的有绞纲环节动物圆货贝目和 *Cranidia* 是以细菌的聚合物和溶解有机物为食的。

（2）食碎屑生物。食碎屑或表面食沉积生物捕获沉积物表面富含有机质的松散颗粒（Bromley，1990，1996；Bambach et al.，2007.），以在其潜穴周围寻找食物的漫游生物和固着动物为代表。牧食迹（*Gordia*）一般由食碎屑动物所造（Buatois et al.，1993）。某些棘皮动物，如海参也能够在沉积物表面的松散沉积物中食碎屑生活。

（3）食沉积生物。食沉积生物或矿工摄取底质中的有机质来重新获得被埋藏的食物。由于大多数沉积物是由无机矿物颗粒组成（甚至在富含有机质的沉积物中也有 95% 都是矿物颗粒），生物可能在沉积物中漫游寻找有机食物颗粒，或者构建复杂和更持久的潜穴来系统开采沉积物中的有机质（Bromley，1990，1996）。

食沉积生物可以是选择性的（例如，那些仅在沉积物中提取营养颗粒的生物）或非选择性的（例如，那些不加选择地吞咽沉积物并从中吸收能吸收的物质)。大多数底栖生物(如内层底栖生物)都是食沉积生物,通过对沉积物的改造来获取营养颗粒生产生命所需的再造作用(Bromley,1990,1996)。在许多情况下,遗迹化石形态和沉积物性质记录了造迹生物食沉积习性的确切证据。例如主动充填潜穴(例如,通过生物肠道经过生物处理的充填物)通常与母岩中有机质或颗粒大小形成对比(如 *Planolites*),或者是形成新月形回填纹(如 *Beaconites*、*Scolicia*)。海底生态系统和现代遗迹学研究表明,食沉积是很多蠕虫状生物具代表性的觅食策略。各种各样的蠕虫通常采用表面食沉积的觅食策略(Gingras et al.,2008)。通过与现存的多毛动物作类比,它们中的一部分是以细菌为食的纯粹的食沉积生物,但是另一部分可能与腕足类舌形贝的新陈代谢相似,可能为真正的食悬浮生物。

双壳类和海胆类也是有名的食沉积生物,并且在遗迹学记录中有着大量的例证,如心形海胆所造构造是有回填的 *Scolicia* 和 *Bichordites* 遗迹属(Smith et al.,1983;Bromley et al.,1995)。一些由甲壳纲十足虾类所造的复杂遗迹系统揭示了食沉积的适应性(Ekdale,1992)。根据 Gingras 等(2008),一些 *Thalassinid* 海蛄虾类所造的分层蜂窝状和网状潜穴(*Thalassinoides*)利用竖井将沉积物-水界面与基部的网状保持连通来进行食沉积的活动。在遗迹学和功能形态学证据的基础上能够推断出灭绝的生物的食沉积营养类型。其中最明显的例子就是三叶虫,大多数情况下被看作食沉积生物,尽管一些三叶虫也采用其他的觅食策略,如食腐、捕食和食悬浮等(Seilacher,1985;Jensen,1990;Whittington,1992;Fortey et al.,1999)。

(4) 牧食

牧食生物包括最基本的食草动物,能够剥下或轻咬植物或藻类,甚至是沉积物表面的微生物席,咀嚼或锉磨更大的植物或海藻(Mángano et al.,1999)。在海洋中,帽贝、海胆和鱼是已经确认的固底牧食生物(Owen,1980;Thomason et al.,1990)。牧食生物,可移除坚硬底质上包裹的有机物。本研究区所发现遗迹化石牧食证据不甚明显。

(5) 捕食

Crimes(1992)统计出 30%的寒武纪遗迹化石可能都由食肉动物和食腐动物所造(爬行迹或休息迹)。

鳃曳动物、寒武纪叶足动物和巨大的奇虾类被认为是大型的大多数为非固定的食肉动物(Morris et al.,1994)。叶足动物 Aysheia 经常和易碎的针状海绵一样被改造。现存的叶足动物酶能够专门溶解节肢动物胶质层。如果寒武纪叶足动物是它们的亲属,它们与节肢动物相对比的多样化可能与其饮食有关。可能为刺胞动物的潜穴已经被识别出包含了三叶虫碎屑(Alpert et al.,1975)。

6 基于遗迹化石的豫西寒武系馒头组营养网特征

捕食是三叶虫的原始觅食模式,像小油栉虫和娜罗虫类所表现出来的一样,且捕食习性在寒武纪中持续(Fortey,1994)。西德尼虫是一种大型的非三叶虫捕食性节肢动物(Bruton,1981);通过他们许多的腿所留下的抓痕模式来判断,一些节肢动物掘穴者可能是以猎取能形成相关的垂直潜穴的蠕虫状动物为食(Pratt,1994)。蠕虫类生物遗迹与节肢动物遗迹的共同出现似乎显示了一种捕食关系。

前人曾在下寒武统检测到一些捕食的证据,证明 *Rusophycus* 与 *Palaeophycus* 有直接的联系(Jensen,1990)。而本地区所发现遗迹化石捕食证据尚不明确,还有待进一步发现和研究。节肢动物抓痕类型多种多样,在豫西馒头组碎屑岩中总共发现了13种抓痕遗迹化石,大多数为三叶虫在沉积物表面行走、觅食、停息、捕食(或求偶)和游泳时形成的痕迹,表明该时期三叶虫类节肢动物已经能够充分适应潮坪沉积环境并开始在该环境中进行繁殖和觅食活动。

基于寒武系馒头组遗迹化石造迹生物营养类型的详细分析,我们将豫西寒武系馒头组潮下带底栖生物遗迹群落之间的营养流和食物网归结如下(图6-2):

我们根据寒武纪遗迹化石类型、造迹生物以及部分的实体化石的分析大概能识别出,主要生产者为葛万藻类、肾形菌及附肢菌、浮游植物疑源类、浮游动物、水中的溶解有机质以及可自由生活的细菌。滤食生物/食悬浮生物为 *Skolithos*、*Arenicolites*、*Diplocraterion* 和 *Monocraterion* 造迹生物,*Bergaueria aff. hemispherica* 垂直潜穴的造迹生物悬浮滤食刺胞类生物(如角海葵等)和海百合、海绵、古杯、软舌螺等。食沉积/碎屑生物为蠕虫类(翻吻动物)或多毛虫类、三叶虫、双壳类、棘皮动物(海胆)。食肉生物为奇虾类、三叶虫、其他节肢动物以及部分刺胞动物。

寒武纪时期植物尚未出现,光合性原生生物和藻类是食物链的最底层。位于寒武纪食物链顶端位置的,是在寒武纪的海洋中最可怕的猎人——奇虾。这种动物有外骨骼像节肢动物,但它没有接脚,这使它成为一种真正的节肢动物。这种大型动物捕食三叶虫和其他节肢动物、蠕虫和软体动物。所以在潮下带环境中,底栖动物易感受到大型捕食生物的捕食压力;另外,数量繁多的海洋生物也会造成严峻的食物压力。

营养级别是建立在遗迹化石和实体化石(微生物)基础上的;营养网的其他部分是由间接证据或类比而推测出来的。

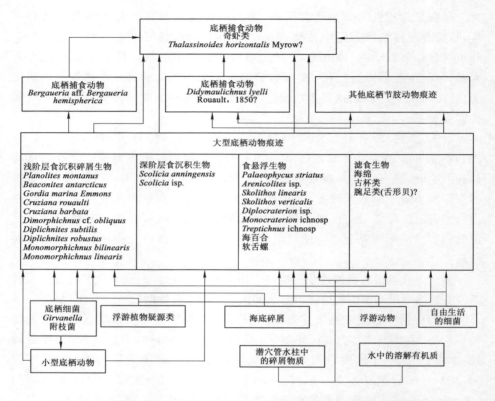

图 6-2　豫西寒武系馒头组潮下带底栖生物遗迹群落之间的营养流和食物网

6.2　潮间带营养网特征

由于潮间带的长期时空不稳定性，它每天都由周期性的潮汐来控制。海侵和海退使潮坪在一个给定的区域中很少能持续 1 万年以上(Reise,1985)。潮间带通常被看作粗糙的不均匀的物理控制的环境。从生物学的观点来看，潮间带是高度多相的体系，在潮间环境中种间相互作用管理不良，开放了无数的可能性。因此，潮间带生物群落在不稳定环境中殖居的生态和环境属性，与种群的高遗传变异性一起，可能为进化过程的主要步骤提供了先天条件(Reise,1985)。

潮间带沉积物中最早的遗迹化石记录来自早寒武世早期，由单一的 *Treptichnus pedum* 的遗迹化石组成(Buatois et al.,2007;Almond et al.,2008)。早古生代较新的潮间带遗迹生物群主要包括三叶虫和其他节肢动物遗迹化石(Durand,1985;Astini et al.,2000;Mángano et al.,2001,2004a,2004b)。

通过与现代潮间带沉积特征相对比,能够更好地了解寒武纪潮间带生态系统特征。现代潮间带是以大量多样的食物供给为特点的,包括海水中携带的营养,陆缘有机碎屑和原地产出的食物(例如粪球粒)。现代潮下带区域中的居住者暴露在双重的捕食者威胁之下。在沉没水中的阶段,他们被海洋生物捕食,而在浮出水面的阶段又会受到陆地及空中敌人的威胁。

在豫西寒武系馒头组发育的遗迹化石中,可代表典型潮间带环境的砂泥岩互层中遗迹化石多以浅表型为主,多为蠕虫动物的爬迹和节肢动物的抓痕,较少发育中阶层遗迹化石,深阶层悬浮滤食生物遗迹化石几乎不发育,显示了食沉积的节肢动物在潮间带环境中占据了主导地位。那么这些节肢动物沿水平层面运动而不穿透较深的沉积物的重要原因就是它们没有必要躲避捕食者,另外是潮坪中丰富的有机碎屑等食物资源使生物不用潜入沉积物中吸取沉积物中的有机质就能够生活。但是仍然存在其他条件的限制,如固结的沉积物界面下逐渐增加的沉积物固结程度、骤减的含氧梯度、当时造迹动物挖掘能力欠缺和对开放潜穴的流通性控制能力不足等等。

根据对寒武系馒头组遗迹化石的沉积环境分析可知,潮间带间歇性暴露地表的混合坪中造迹生物的遗迹化石包括 *Bergaueria hemispherica*、*Beaconichnus* ichnosp.、*Beaconites antarcticus*、*Cruziana rouaulti*、*Cruziana barbata*、*Diplichnites* ichnosp. 1、*Diplichnites* ichnosp. 2、*Dimorphichnus* cf. *obliquus*、*Diplichnites subtilis*、*Diplichnites robustus*、*Monomorphichnus bilinearis*、*Monomorphichnus linearis*、*Planolites montanus*、*Palaeophycus striatus*、*Qipanshanichnus gyrus*、*Rusophycus ramellensis*、*Rusophycus yunnanensis* 和 *Treptichnus* ichnosp. 等(图 6-3)。

相对来说,寒武纪潮间带环境水体较浅,且会间歇性地暴露于地表,缺乏陆生(例如空中和地面)捕食者,并且较少受到一些大型水生捕食动物(奇虾类及其他海洋捕食动物)的威胁,可以起到避难所的作用。由于陆生植物和陆源碎屑的缺乏,寒武纪潮间带营养网几乎完全建立在以有机丰富的海洋资源和类似于典型原地产物的基础之上(Mángano et al.,2012)。因此,寒武纪潮间带拥有可供生物生活的大量食物资源。并且寒武纪时期微生物席在潮间带大量发育,这也为食沉积生物的觅食提供了极为便利的条件。相对水下环境而言,潮间带环境更适于节肢动物生活。水下环境中还有其他类型生物殖居,包括食悬浮生物(虾类、海葵)、刺胞动物(海胆)、腹足类等,一方面食物资源竞争激烈,觅食压力较大;另一方面,这些生物还会受到水中较大型捕食生物(奇虾类或 *Thalassinoides* 造迹生物)的威胁,因此不利于其生存。潮间带环境间歇性暴露于地表的性质,使得节肢动物能够移居到周期性暴露的不受水中捕食者威胁的

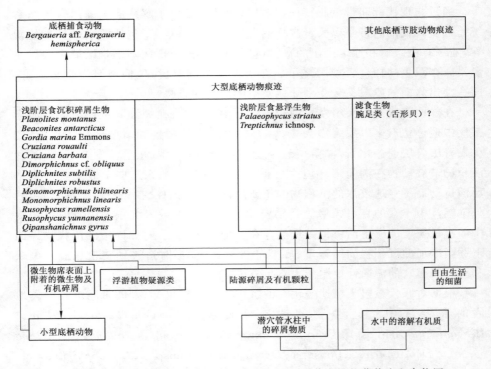

图 6-3　豫西寒武系馒头组潮间带底栖生物遗迹群落之间的营养流和食物网

较安全的潮间带暴露区域觅食。由于寒武纪时期陆生动物的匮乏,潮间带环境既摆脱了水生捕食者的压迫,又没有陆生及空中捕食者的威胁,是极适宜节肢动物生活的避难所。

参 考 文 献

[1] ALLER R C,1978. Experimental studies of changes produced by deposit feeders on pore water, sediment, and overlying water chemistry[J]. American Journal of Science,278(9):1185-1234.

[2] ALMOND J E,BUATOIS L A,GRESSE P G, et al, 2008. Trends in metazoan body size, burrowing behaviour and ichnodiversity across the Precambrian-Cambrian boundary: ichnoassemblages from the Vanrhynsdorp Group of South Africa[C]//Conference programme and abstracts. 15th Biennial Meeting of the Palaeontological Society of South Africa,Matjiesfontein.

[3] ALPERT S P,MOORE J N,1975a. Lower Cambrian trace fossil evidence for predation on trilobites[J]. Lethaia,8(3):223-230.

[4] ALPERT S,1975b. Planolites and skolithos from the upper Precambrian-lower Cambrian, white-inyo mountains, California [J]. Journal of Paleontology,49:508-521.

[5] ASTINI R A,MÁNGANO M G,THOMAS W A,2000. El icnogénero Cruziana en el Cámbrico Temprano de la Precordillera Argentina: el registro más antiguo de Sudamérica[J]. Revista de la Asociación Geológica Argentina,55:111-120.

[6] BAMBACH R K, 1983. Ecospace Utilization and Guilds in Marine Communities through the Phanerozoic[M]//EVESZ J S,MCCALL P L. Biotic Interactions in Recent and Fossil Benthic Communities. New York: M Plenus Press:719-746.

[7] BAMBACH R K,BUSH A M,ERWIN D H,2007. Autecology and the filling of ecospace: key metazoan radiations[J]. Palaeontology, 50 (1): 1-22.

[8] BANKS N L,1970. Trace fossils from the late Precambrian and Lower Cambrian of Finmark, Norway[M]//Crimes T P, Harper J C. Trace

Fossils 2,Geological Journal Special Issue,9:19-34.

[9] BAUDET D, AITKEN J D, VANGUESTAINE M, 1989. Palynology of uppermost Proterozoic and lowermost Cambrian formations, central Mackenzie Mountains, northwestern Canada[J]. Canadian Journal of Earth Sciences,26:129-148.

[10] BELAÚSTEGUI Z, DE GIBERT J M, 2013. Bow-shaped, concentrically laminated polychaete burrows: a cylindrichnus concentricus ichnofabric from the Miocene of Tarragona, NE Spain [J]. Palaeogeography, Palaeoclimatology, Palaeoecology,381/382:119-127.

[11] BENGTSON S, CONWAY MORRIS S, COOPER B J, et al, 1990. Early Cambrian fossils from South Australia[J]. Association of Australasian Palaeontologists Memoir,9:364-370.

[12] BENGTSON S, CONWAY MORRIS S, 1992a. Early radiation of biomineralizing phyla[M]//LIPPS J H, SIGNOR P W. Origin and Early Evolution of the Metazoa. Dordrecht:Plenum Press:447-481.

[13] BENGTSON S, ZHAO Y, 1992b. Predatorial borings in late Precambrian mineralized exoskeletons[J]. Science,257(5068):367-369.

[14] BENGTSON S, 1994. The advent of animal skeletons[C]//BENGTSON S. 84th Nobel Symposium: early life on Earth. [S. l. :s. n.]:412-425.

[15] BENTON H J, TREWIN N H, 1978. Discussion and comments on Nicholson's 1872 manuscript 'Contributions to the study of Errant Annelides of the Older Palaeozoic rocks [J]. Publications of the Department of Geology and Mineralogy, University of Aberdeen, 1: 47-52.

[16] BILES C L, PATERSON D M, FORD R B, et al, 2002. Bioturbation, ecosystem functioning and community structure[J]. Hydrology and Earth System Sciences,6(6):999-1005.

[17] BOTTJER D J, HAGADORN J W, DORNBOS S Q, 2000. The Cambrian substrate revolution[J]. GSA Today,10:1-7.

[18] BOUDREAU B P, 1998. Mean mixed depth of sediments: the wherefore and the why[J]. Limnology and Oceanography,43(3):524-526.

[19] BRASIER M D, 1992. Nutrient-enriched waters and the early skeletal fossil record[J]. Journal of the Geological Society,149(4):621-629.

[20] BRASIER M D, MCILROY D, 1998. 600 Ma year old rocks in western

Scotland and the emergence of animals[J]. Journal of the Geological Society,155(1):5-12.

[21] BROMLEY R G,EKDALE A A,1984. Chondrites:a trace fossil indicator of anoxia in sediments[J]. Science,224(4651):872-874.

[22] BROMLEY R G, EKDALE A A, 1986. Composite ichnofabrics and tiering of burrows[J]. Geological Magazine,123(1):59-65.

[23] BROMLEY R G, D'ALESSANDRO A, 1990. Comparative analysis of bioerosion in deep and shallow water,Pliocene to recent,Mediterranean Sea[J]. Ichnos,1(1):43-49.

[24] BROMLEY R G,JENSEN M,ASGAARD U,1995. Spatangoid echinoids: deep-tier trace fossils and chemosymbiosis [J]. Neues Jahrbuch Für Geologie Und Paläontologie-Abhandlungen,195(1/2/3):25-35.

[25] BROMLEY R G,1996. Trace fossils,biology,taphonomy and applications [M]. 2nd ed. London: Chapman and Hall.

[26] BROMLEY R G, 2001. Tetrapod tracks deeply set in unsuitable substrates: recent musk oxen in fluid earth (East Greenland) and Pleistocene caprines in aeolian sand (Mallorca)[J]. Bulletin of the Geological Society of Denmark,48:209-215.

[27] BRUTON D,1981. The arthropod sidneyia inexpectans, middle Cambrian,burgess shale,British Columbia[J]. Philosophical Transactions of the Royal Society B,295:619-653.

[28] BUATOIS L A,MÁNGANO M G,1981. Early colonization of the deep sea:ichnologic evidence of deep-marine benthic ecology from the early Cambrian of northwest Argentina[J]. Palalos,18:572-581.

[29] BUATOIS L A, MÁNGANO M G, 1993. Trace fossils from a carboniferous turbiditic lake:implications for the recognition of additional nonmarine ichnofacies[J]. Ichnos,2(3):237-258.

[30] BUATOIS L A, MÁNGANO M G, 2004. Terminal Proterozoic-Early Cambrian ecosystems: ichnology of the Puncoviscana Formation, northwest Argentina[J]. Fossils and Strata,51:1-16.

[31] BUATOIS L A,2005. Colonization of brackish-water systems through time:evidence from the trace-fossil record[J]. Palalos,20(4):321-347.

[32] BUATOIS L A, ALMOND J, GRESSE P, et al, 2007. The Elusive Proterozoic-Cambrian boundary: ichnologic data from Vanrynsdorp

Group of South Africa[C]//ZONNEVELD J P, GINGRAS M K. Symposium of 4th International Ichnofabric Workshop, Calgary. [S. l. : s. n.]:8-9.

[33] BUATOIS L A, MÁNGANO M G, 2011. Ichnology: organism-substrate interactions in space and time[M]. Cambridge: Cambridge University Press.

[34] BURZIN, 1994. Principal trends in the historical development of the phytoplankton in the late Precambrian and early Cambrian[M]// ROZANOV A Y, SEMIKHATOV M A. Ecosystem reconstructions and the evolution of biosphere. New York:[s. n.]:51-62.

[35] BUTMAN C A, 1987. Larval settlement of soft-sediment invertebrates: the spatial scales of pattern explained by active habitat selection and the emerging rôle of hydrodynamical processes[J]. Oceanography and Marine Biology, 25:113-165.

[36] CHAFETZ H, 1986. Marine peloids: a product of bacterially induced precipitation of calcite[J]. Journal of Sedimentary Research, 56:812-817.

[37] CHAKRABARTI A, 2001. Are meandering structures found in Proterozoic rocks of different ages of the Vindhyan supergroup of central India biogenic?: a scrutiny[J]. Ichnos, 8(2):131-139.

[38] CHEN J Y, WALOSZEK D, MAAS A, et al, 2007. Early Cambrian Yangtze plate Maotianshan shale macrofauna biodiversity and the evolution of predation [J]. Palaeogeography, Palaeoclimatology, Palaeoecology, 254(1/2):250-272.

[39] CHEN Z Q, FRAISER M L, BOLTON C, 2012. Early Triassic trace fossils from Gondwana Interior Sea: implication for ecosystem recovery following the end-Permian mass extinction in south high-latitude region [J]. Gondwana Research, 22(1):238-255.

[40] CHOW N, JAMES N P, 1987. Facies-specific, calcite and bimineralic ooids from Middle and Upper Cambrian platform carbonates, western Newfoundland, Canada[J]. Journal of Sedimentary Petrology, 57: 907-921.

[41] CHRISTOPHER D, STANLEY A, PICKERILL R K, 1994. Planolites constriannulatus isp. nov. from the Late Ordovician Georgian Bay Formation of southern Ontario, eastern Canada[J]. Ichnos, 3(2):

119-123.

[42] CLAUSEN C K,VILHJÁLMSSON M,1986. Substrate control of lower Cambrian trace fossils from Bornholm, Denmark[J]. Palaeogeography, Palaeoclimatology,Palaeoecology,56(1/2):51-68.

[43] CLIFTON H, THOMPSON J K, 1978. Macaronichnus segregatis: a feeding structure of shallow marine polychaetes [J]. Journal of Sedimentary Research,48:1293-1302.

[44] COLLETTE J, HAGADORN J, LACELLE M A, 2010. Dead in their tracks:Cambrian arthropods and their traces from intertidal sandstones of Quebec and Wisconsin[J]. Palalos,25:475-486.

[45] CONWAY MORRIS S,PEEL J S,1995. Articulated halkieriids from the Lower Cambrian of North Greenland and their role in early protostome evolution[J]. Philosophical Transactions of the Royal Society of London Series B:Biological Sciences,347(1321):305-358.

[46] COULD S J,1977. Ontogeny and Phylogeny[M]. Cambridge:Harvard University Press.

[47] CRIMES T P,1975. The production and preservation of trilobite resting and furrowing traces[J]. Lethaia,8:35-48.

[48] CRIMES T P, GERMS G, 1982. Trace fossils from the nama group (Precambrian-Cambrian) of southwest Africa (Namibia)[J]. Journal of Paleontology,56:890-907.

[49] CRIMES T P,1992. The record of trace fossils across the Proterozoic-Cambrian Boundary[M]//LIPPS J H,SIGNOR P W. Origin and Early Evolution of the Metazoa. New York:Plenus press:177-199.

[50] CRIMES T P,1994. The period of early evolutionary failure and the dawn of evolutionary success[M]//Donovan S K. The Palaeobiology of Trace Fossils. Chichester:John Wiley & Sons:105-133.

[51] CRIMES T P, FEDONKIN M A, 1996. Biotic changes in platform communities across the Precambrian-Phanerozoic boundary[J]. Revista Italiana di Paleontologia e Stratigrafia,102:317-332.

[52] CRIMES T P, HERDMAN J, 2007. Trilobite tracks and other trace fossils from the Upper Cambrian of North Wales[J]. Geological Journal, 7(1):47-68.

[53] DAUER D M,SIMON J L,1976. Repopulation of the polychaete fauna of

an intertidal habitat following natural defaunation: species equilibrium [J]. Oecologia,22(2):99-117.

[54] DAVIES N S,RYGEL M,GIBLING M R,2010a. Marine influence in the Upper Ordovician Juniata Formation (Potters Mills, Pennsylvania): implications for the history of life on land[J]. Palalos,25(8):527-539.

[55] DAVIES N S,GIBLING M R,2010b. Cambrian to Devonian evolution of alluvial systems: the sedimentological impact of the earliest land plants [J]. Earth-Science Reviews,98(3/4):171-200.

[56] DE GIBERT J M, EKDALE A A, 2002. Ichnology of a restricted epicontinental sea, arapien shale, Middle Jurassic, Utah, USA [J]. Palaeogeography,Palaeoclimatology,Palaeoecology,183(3/4):275-286.

[57] DEBRENNE F,ZHURAVLEV A Y,1997. Cambrian food web: a brief review[J]. Geobios,30:181-188.

[58] DORNBOS S Q,BOTTJER D J,2000. Evolutionary paleoecology of the earliest echinoderms: helicoplacoids and the Cambrian substrate revolution[J]. Geology,28(9):839-842.

[59] DORNBOS S, BOTTJER D J, CHEN J, 2004. Evidence for seafloor microbial mats and associated metazoan lifestyles in lower Cambrian phosphorites of southwest China[J]. Lethaia,37:127-137.

[60] DORNBOS S Q, BOTTJER D J, CHEN J Y, 2005. Paleoecology of benthic metazoans in the Early Cambrian Maotianshan Shale biota and the Middle Cambrian Burgess Shale biota: evidence for the Cambrian substrate revolution [J]. Palaeogeography, Palaeoclimatology, Palaeoecology,220(1/2):47-67.

[61] DRIESE S G,FOREMAN J L,1991. Traces and related chemical changes in a Late Ordovician paleosol, Glossifungites ichnofacies, southern Appalachians,USA[J]. Ichnos,1(3):207-219.

[62] DROSER M L, BOTTJER D J, 1988. Trends in depth and extent of bioturbation in Cambrian carbonate marine environments, western United States[J]. Geology,16(3):233-236.

[63] DROSER M L,BOTTJER D J,1989. Ichnofabric of sandstones deposited in high-energy nearshore environments: measurement and utilization[J]. Palalos,4(6):598-604.

[64] DROSER M L,1991. Ichnofabric of the Paleozoic skolithos ichnofacies

and the nature and distribution of skolithos piperock[J]. Palalos,6(3):316-325.

[65] DROSER M L,BOTTJER D J,1993. Trends and patterns of Phanerozoic ichnofabrics[J]. Annual Review of Earth and Planetary Sciences,21:205-225.

[66] DROSER M L,BOTTJER D J,SHEEHAN P M,1997. Evaluating the ecological architecture of major events in the Phanerozoic history of marine invertebrate life[J]. Geology,25(2):167-170.

[67] DROSER M L,GEHLING J,JENSEN S,1999. When the worm turned: concordance of Early Cambrian ichnofabric and trace-fossil record in siliciclastic rocks of South Australia[J]. Geology,27:625-628.

[68] DROSER M L,LI X,2001. The Cambrian radiation and the diversification of sedimentary fabrics [M]//ZHURAVLEV A Y,RIDING R. The ecology of the Cambrian radiation. New York:Columbia University Press:137-164.

[69] DROSER M L,JENSEN S,GEHLING J G,et al,2002a. Lowermost Cambrian ichnofabrics from the chapel island formation,Newfoundland: implications for Cambrian substrates[J]. Palalos,17(1):3-15.

[70] DROSER M L,JENSEN S,GEHLING J G,2002b. Trace fossils and substrates of the terminal Proterozoic-Cambrian transition:implications for the record of early bilaterians and sediment mixing[J]. Proceedings of the National Academy of Sciences of the United States of America,99(20):12572-12576.

[71] DROSER M L,FINNEGAN S,2003. The Ordovician radiation:a follow-up to the Cambrian explosion? [J]. Integrative and Comparative Biology,43(1):178-184.

[72] DROSER M L,JENSEN S,GEHLÎNG J G,2004. Development of early Palaeozoic ichnofabrics:evidence from shallow marine siliciclastics[J]. Geological Society,London,Special Publications,228(1):383-396.

[73] DROSER M L, GEHLING J G, JENSEN S R, 2006. Assemblage palaeoecology of the Ediacara biota:the unabridged edition? [J]. Palaeogeography, Palaeoclimatology, Palaeoecology, 232 (2/3/4): 131-147.

[74] DUPRAZ C,PATTISINA R,VERRECCHIA E P,2006. Translation of

energy into morphology: simulation of stromatolite morphospace using a stochastic model[J]. Sedimentary Geology,185(3/4):185-203.

[75] DZIK J,2005. Behavioral and anatomical unity of the earliest burrowing animals and the cause of the "Cambrian explosion"[J]. Paleobiology,31(3):503-521.

[76] EKDALE A A,BROMLEY R,1983. Trace fossils and ichnofabric in the Kj0lby Gaard Marl, uppermost Cretaceous, Denmark[J]. Bulletin of Geology Society of Denmark,31:107-119.

[77] EKDALE A A,BROMLEY R G,PEMBERTON S G,1984a. Ichnology: trace fossils in sedimentology and stratigraphy[J]. SEPM Short Course, 15:1-317.

[78] EKDALE A A, MULLER L N, NOVAK M T, 1984b. Quantitative ichnology of modern pelagic deposits in the abyssal Atlantic [J]. Palaeogeography,Palaeoclimatology,Palaeoecology,45(2):189-223.

[79] EKDALE A A, 1985. Paleoecology of the marine endobenthos[J]. Palaeogeography,Palaeoclimatology,Palaeoecology,50(1):63-81.

[80] EKDALE A A,1992. Muckraking and mudslinging: the joys of deposit-feeding[J]. Short Courses in Paleontology,5:145-171.

[81] FARMER J, VIDAL G, MOCZYDŁOWSKA M, et al, 1992. Ediacaran fossils from the Innerelv Member (late Proterozoic) of the Tanafjorden area,northeastern Finnmark[J]. Geological Magazine,129(2):181-195.

[82] FORTEY R A, OWENS R M, 1999. Feeding habits in trilobites[J]. Palaeontology,42:429-465.

[83] FRANCUS P, 2001. Quantification of bioturbation in hemipelagic sediments via thin-section image analysis[J]. Journal of Sedimentary Research,71(3):501-507.

[84] FREY R W, HOWARD J D, 1985. Trace fossils from the panther member,star point formation (Upper Cretaceous), coal creek canyon, Utah[J]. Journal of Paleontology,59:370-404.

[85] FREY R W, HOWARD J D, 1990. Trace fossils and depositional sequences in a clastic shelf setting,Upper Cretaceous of Utah[J]. Journal of Paleontology,64(5):803-820.

[86] GEHLING J G, 1999. Microbial mats in terminal Proterozoic siliciclastics: ediacaran death masks[J]. Palalos,14(1):40-57.

[87] GEHLING J G, NARBONNE G M, ANDERSON M M, 2000. The first named Ediacaran body fossil, Aspidella Terranovica[J]. Palaeontology, 43(3): 427-456.

[88] GENG Y S, LIU F L, YANG C H, 2010. Magmatic event at the end of the Archean in eastern Hebei Province and its geological implication[J]. Acta Geologica Sinica: English Edition, 80(6): 819-833.

[89] GERMS G J B, 1995. The Neoproterozoic of southwestern Africa, with emphasis on platform stratigraphy and paleontology[J]. Precambrian Research, 73(1/2/3/4): 137-151.

[90] GIERLOWSKI-KORDESCH E, 1991. Ichnology of an ephemeral lacustrine/alluvial plain system: jurassic east berlin formation, Hartford basin, USA[J]. Ichnos, 1(3): 221-232.

[91] GINGRAS M K, PEMBERTON S G, SAUNDERS T, 2000. Firmness profiles associated with tidal-creek deposits: the temoral significance of glossifungites assemblages[J]. Journal of Sedimentary Research, 70(5): 1017-1025.

[92] GINGRAS M K, DASHTGARD S E, MACEACHERN J A, et al, 2008. Biology of shallow marine ichnology: a modern perspective[J]. Aquatic Biology, 2(3): 255-268.

[93] GINGRAS M K, MACEACHERN J A, DASHTGARD S E, 2011. Process ichnology and the elucidation of physico-chemical stress[J]. Sedimentary Geology, 237(3/4): 115-134.

[94] GOLDRING R, POLLARD J E, TAYLR A M, 1997. Naming trace fossils[J]. Geological Magazine, 134(2): 265-268.

[95] GRASSLE J F, 1977. Slow recolonisation of deep-sea sediment[J]. Nature, 265(5595): 618-619.

[96] GRAY J S, 1977. Animal sediment relationships[J]. Oceanographic Marine Biology Annual Review, 12: 223-261.

[97] HAGADORN J W, BOTTJER D J, 1999. Restriction of a late neoproterozoic biotope: suspect-microbial structures and trace fossils at the vendian-Cambrian transition[J]. Palaios, 14(1): 73-85.

[98] HAGADORN J W, MORALES A B, KLEINB Z, 2008. Cooped up in an Ediacaran shell: why did Cloudina biomineralize?[J]. Geological Society of America, 40(1): 37-41.

[99] HAGADORN J W,COLLETTE J,BELT E,2011. Eolian-aquatic deposits and faunas of the middle Cambrian Potsdam group[J]. Palalos,26: 314-334.

[100] HANTZSCHEL W, 1975. Trace fossil and problematica[M]// TEICHERT C. Treatise on Invertebrate.[S. l.]:University of Kansas Press.

[101] HANTZSCHEL W,1976. Treatise on Invertebrate Palaeontology[M]// TEICHERT C. Treatise on Invertebrate.[S. l.]:University of Kansas Press.

[102] HARRIS P M,1979. Facies anatomy and diagenesis of a Bahamian ooid shoal[J]. Sedimenta,7:152-163.

[103] HE M H,1990. Distribution of Polychaeta in subtidal zone,Dongshan Bay,Fujian Province[J]. Journal of Oceanography in Taiwan Strait,9 (3):206-211.

[104] HECKEL,1972. Recognition of ancient shallow marine environments [J]. SEPM,16(16):226-286.

[105] HEINBERG C,1974. A dynamic model for a meniscus filled tunnel (Ancoricknus n. ichnogen.) from the Jurassic Pecten Sandstone of Milne Land, East Greenland[J]. Rapport Grønlands Geologiske Undersøgelse,62:1-20.

[106] HERTWECK G,WEHRMANN A, LIEBEZEIT G,2007. Bioturbation structures of polychaetes in modern shallow marine environments and their analogues to Chondrites group traces[J]. Palaeogeography, Palaeoclimatology,Palaeoecology,245(3/4):382-389.

[107] HOU X G,ALDRIDGE R J,BERGSTRM J,et al,2003. The Cambrian Fossils of Chengjiang,China[M]. Oxford,UK:Blackwell Publishing.

[108] HOWARD J D,FREY R W,1975. Estuaries of the Georgia coast,USA: sedimentology and biology Ⅱ Regional animal-sediment characteristics of Georgia estuaries[J]. Senckenbergiana Maritima,7:33-103.

[109] HUANG D Y,VANNIER J,CHEN J,2004. Anatomy and lifestyles of Early Cambrian priapulid worms exemplified by Corynetis and Anningvermis from the Maotianshan Shale (SW China)[J]. Lethaia, 37:21-33.

[110] JAMES N P, KOBLUK D R,PEMBERTON S G,1977. The oldest

macroborers:lower Cambrian of Labrador[J]. Science,197(4307):980-983.

[111] JENKINS R J F,1995. The problems and potential of using animal fossils and trace fossils in terminal Proterozoic biostratigraphy[J]. Precambrian Research,73(1/2/3/4):51-69.

[112] JENSEN S,1990. Predation by early Cambrian trilobites on infaunal worms:evidence from the Swedish Mickwitzia Sandstone[J]. Lethaia, 23(1):29-42.

[113] JENSEN S,1997. Trace fossils from the Lower Cambrian Mickwitzia Sandstone,south-central Sweden [J]. Fossils and Strata,42:100-111.

[114] JENSEN S,2003. The Proterozoic and earliest Cambrian trace fossil record: patterns, problems and perspectives [J]. Integrative and Comparative Biology,43(1):219-228.

[115] JENSEN S, DROSER M L, GEHLING J G, 2005. Trace fossil preservation and the early evolution of animals[J]. Palaeogeography, Palaeoclimatology,Palaeoecology,220(1/2):19-29.

[116] JENSEN S,DROSER M L,GEHLING J G,2006. A critical look at the Ediacaran trace fossil record[M]//Kaufman J,Xiao S. Neoproterozoic geobiology and paleobiology: topics in geobiology. [S. l.: s. n.]: 115-157.

[117] JOHNSON E, BRIGGS D, SUTHREN R, et al, 1994. Non-marine arthropod traces from the subaerial Ordovician borrowdale volcanic group,English lake district[J]. Geological Magazine,131:395-406.

[118] KEIGHLEY D G,PICKERILL R K,1994. The ichnogenus beaconites and its distinction from ancorichnus and taenidium[J]. Palaeontology, 37:305-337.

[119] KEIGHLEY D G,PICKERILL R K,1995. The Ichnotaxa Palaeophycus and Planolites: historical perspectives and recommendations [J]. Ichnos,3:301-309.

[120] KELLER M, 1997. Evolution and sequence stratigraphy of an early Devonian carbonate ramp, Cantabrian mountains, northern Spain[J]. Journal of Sedimentary Research,67:638-652.

[121] KEMP P F,1986. Direct uptake of detrital carbon by the deposit-feeding polychaete Euzonus mucronata (Treadwell) [J]. Journal of

Experimental Marine Biology and Ecology,99(1):49-61.

[122] KENNEDY M J,DROSER M L,2011. Early Cambrian metazoans in fluvial environments,evidence of the non-marine Cambrian radiation [J]. Geology,39(6):583-586.

[123] KNIGHT-JONES E W,1953. Feeding in Saccoglossus (Enteropneusta) [J]. Proceedings of the Zoological Society of London,123(3):637-654.

[124] KOBLUK D R,JAMES N P,1979. Cavity-dwelling organisms in Lower Cambrian patch reefs from southern Labrador[J]. Lethaia,12(3):193-218.

[125] KRUSE P D,ZHURAVLEV A Y,JAMES N P,1995. Primordial metazoan-calcimicrobial reefs:tommotian (early Cambrian) of the Siberian platform[J]. Palalos,10(4):291-321.

[126] KUNDAL P,MUDE S N,2009. Geniculate coralline algae from the Neogene-Quaternary sediments in and around Porbandar,southwest coast of India[J]. Journal of the Geological Society of India,74(2):267-274.

[127] LANDING E,1989. Paleoecology and distribution of the early Cambrian rostroconch Watsonella crosbyi grabau[J]. Journal of Paleontology,63(5):566-573.

[128] LANDING E,1993. In situ earliest Cambrian tube worms and the oldest metazoan-constructed biostrome (Placentian Series, southeastern Newfoundland)[J]. Journal of Paleontology,67(3):333-342.

[129] LESZCZYŃSKI S,UCHMAN A,1993. Biogenic structures of organics-poor siliciclastic sediments:examples from Paleogene variegated shales,Polish carpathians[J]. Ichnos,2(4):267-275.

[130] LIN J P,ZHAO Y L,RAHMAN I A,et al,2010. Bioturbation in Burgess Shale-type Lagerstätten:case study of trace fossil-body fossil association from the Kaili Biota (Cambrian Series 3),Guizhou,China [J]. Palaeogeography, Palaeoclimatology, Palaeoecology, 292 (1/2):245-256.

[131] LINSLEY R M,1977. Some "laws" of gastropod shell form[J]. Paleobiology,3(2):196-206.

[132] LINSLEY R,KIER W,1984. The Paragastropoda:a proposal for a new class of Paleozoic Mollusca[J]. Malacologia,25:241-254.

[133] MACNAUGHTON R, COLE J M, DALRYMPLE R, et al, 2002. First steps on land: arthropod trackways in Cambrian-Ordovician eolian sandstone, southeastern Ontario, Canada[J]. Geology, 30: 391-394.

[134] MALPAS J A, GAWTHORPE R L, POLLARD J E, et al, 2005. Ichnofabric analysis of the shallow marine Nukhul Formation (Miocene), Suez Rift, Egypt: implications for depositional processes and sequence stratigraphic evolution [J]. Palaeogeography, Palaeoclimatology, Palaeoecology, 215(3/4): 239-264.

[135] MÁNGANO M G, BUATOIS L A, WEST R R, et al, 1998. Contrasting behavioral and feeding strategies recorded by tidal-flat bivalve trace fossils from the Upper Carboniferous of eastern Kansas[J]. Palalos, 13(4): 335-351.

[136] MÁNGANO M G, Buatois L A, 1999. Feeding adaptations [M]// Encyclopedia of Paleontology. Chicago: Fitzroy Dearborn Publishers: 458-465.

[137] MÁNGANO M G, BUATOIS L A, WEST R R, et al, 2002. Ichnology of a Pennsylvannian Equatorial Tidal Flat: the Stull Shale Member at Waverly, Eastern Kansas[J]. Kansas Geological Survey, 245: 116-133.

[138] MÁNGANO M G, BUATOIS L A, 2004a. Reconstructing Early Phanerozoic intertidal ecosystems: ichnology of the Cambrian Campanario Formation in northwest Argentina[J]. Trace Fossils in Evolutionary Palaeoecology: Fossils and Strata, 51: 17-38.

[139] MÁNGANO M G, BUATOIS L A, 2004b. Integracián de estratigrafía secuencial, sedimentología e icnología para un análisis cronoestratigráfico del Paleozoico inferior del noroeste argentinl[J]. Revista de la Asociación Geológica Argentina, 59: 273-280.

[140] MÁNGANO M G, 2011. Ichnology: organism-substrate interactions in space and time[M]. Cambridge: Cambridge University Press: 139-146.

[141] MÁNGANO M G, BUATOIS L A, HOFMANN R, et al, 2013. Exploring the aftermath of the Cambrian explosion: the evolutionary significance of marginal-to shallow-marine ichnofaunas of Jordan[J]. Palaeogeography, Palaeoclimatology, Palaeoecology, 374: 1-15.

[142] MARENCO K N, BOTTJER D J, 2008. The importance of Planolites in the Cambrian substrate revolution [J]. Palaeogeography, Palaeoclimatology,

Palaeoecology,258(3):189-199.

[143] MARKELLO J R, READ J F,1981. Carbonate ramp-to-deeper shale shelf transitions of an Upper Cambrian intrashelf basin, Nolichucky Formation, Southwest Virginia Appalachians[J]. Sedimentology,28(4):573-597.

[144] MARSHALL C R,2006. Explaining the Cambrian "explosion" of animals[J]. Annual Review of Earth and Planetary Sciences,34:355-384.

[145] MARTINO R L,1989. Trace fossils from marginal marine facies of the Kanawha Formation (Middle Pennsylvanian), West Virginia[J]. Journal of Paleontology,63:389-403.

[146] MCCANN T,1993. A nereites ichnofacies from the Ordovician-Silurian Welsh Basin[J]. Ichnos,3(1):39-56.

[147] MCILROY D,LOGAN G A,1999. The impact of bioturbation on infaunal ecology and evolution during the Proterozoic-Cambrian transition[J]. Palalos,14(1):58-72.

[148] MCILROY D,2012. Comment on "Early Cambrian metazoans in fluvial environments, evidence of the non-marine Cambrian radiation"[J]. Geology,40:261-269.

[149] MELCHOR R N,BEDATOU E,DE VALAIS S,et al,2006. Lithofacies distribution of invertebrate and vertebrate trace-fossil assemblages in an Early Mesozoic ephemeral fluvio-lacustrine system from Argentina: implications for the Scoyenia ichnofacies [J]. Palaeogeography, Palaeoclimatology,Palaeoecology,239(3/4):253-285.

[150] MILLER M F,JOHNSON K G,1981. Spirophyton in alluvial-tidal facies of the Catskill deltaic complex: possible biological control of ichnofossil distribution[J]. Journal of Paleontology,55:1016-1027.

[151] MILLER W,1993. Trace fossil zonation in Cretaceous turbidite facies, northern California[J]. Ichnos,3(1):11-28.

[152] MILLER M F,SMAIL S E,1997. A semiquantitative field method for evaluating bioturbation on bedding planes[J]. Palalos,12(4):391-396.

[153] MOCZYDLOWSKA M,VIDAL G,1992. Phytoplankton from the Lower Cambrian Laesa formation on Bornholm,Denmark:biostratigraphy and palaeoenvironmental constraints[J]. Geological Magazine,129:17-40.

[154] MOLDOVAN J M, DAHL J, JACOBSON S R, et al, 1994. Summons Molecular fossil evidence for Late Proterozoic-Early Paleozoic environments abstracts[J]. Terra Nova, 6(S3): 1-4.

[155] MORRIS S C, BENGTSON S, 1994. Cambrian predators: possible evidence from boreholes[J]. Journal of Paleontology, 68(1): 1-23.

[156] MOUNT J, KIDDER D L, 1993. Combined flow origin of edgewise intraclast conglomerates: Sellick Hill Formation (Lower Cambrian), South Australia[J]. Sedimentology, 40: 315-329.

[157] MULSOW S, BOUDREAU B P, SMITH J N, 1998. Bioturbation and porosity gradients[J]. Limnology and Oceanography, 43(1): 1-9.

[158] MYROW P M, 1995. Thalassinoides and the enigma of Early Paleozoic open-framework burrow systems[J]. Palalos, 10(1): 58-74.

[159] NANCY C, NOEL P J, 1987. Facies-specific, calcitic and bimineralic ooids from middle and upper Cambrian platform carbonates, western Newfoundland, Canada[J]. SEPM Journal of Sedimentary Research, 57: 907-921.

[160] NARA M, 2006. Reappraisal of Schaubcylindrichnus: a probable dwelling/feeding structure of a solitary funnel feeder [J]. Palaeogeography, Palaeoclimatology, Palaeoecology, 240 (3/4): 439-452.

[161] NARBONNE G, HOFMANN H, 1987. Ediacaran biota of the wernecke mountains, Yukon, Canada[J]. Palaeontology, 30: 647-676.

[162] NARBONNE G M, KAUFMAN A J, KNOLL A H, 1994. Integrated chemostratigraphy and biostratigraphy of the Windermere Supergroup, northwestern Canada: implications for Neoproterozoic correlations and the early evolution of animals[J]. Geological Society of America Bulletin, 106(10): 1281-1292.

[163] NARBONNE G M, 2004. Modular construction of early Ediacaran complex life forms[J]. Science, 305(5687): 1141-1144.

[164] NARBONNE G M, 2005. The Ediacara Biota: Neoproterozoic origin of animals and their ecosystems [J]. Annual Review of Earth and Planetary Sciences, 33: 421-442.

[165] NICHOLSON H A, HINDE G J, 1874. Notes on the fossils of the Clinton, Niagara, and Guelph Formations of Ontario, with descriptions

of new species[J]. Canadian Journal of Science, Literature and History,New Series,14:137-160.

[166] NOFFKE N, GERDES G, KLENKE T,et al,1996. Microbially induced sedimentary structures: examples from modern sediments of siliciclastic tidal flats[J]. Zentralblatt für Geologie und Palaontologie (Teil I),1/2,307-316.

[167] NOFFKE N,2010. Geobiology: microbial mats in sandy deposits from the Archean era to today[M]. Berlin:Springer-Verlag.

[168] NOWLAN G,NARBONNE G,FRITZ W H,1985. Small shelly fossils and trace fossils near the Precambrian-Cambrian boundary in the Yukon Territory,Canada[J]. Lethaia,18:233-256.

[169] OSGOOD R G, 1970. Trace Fossils of the Cincinnati Area[J]. Palaeontographica Americana,6:281-444.

[170] OTT J A, FUCHS B, FUCHS R, et al, 1976. Observations on the Biology of Callianassa stebbingi Borrodaille and Upogebia litoralis Rosso and Their Effect upon the Sediment[J]. Senckenbergiana Maritima,8:61-79.

[171] OWEN J,1980. Feeding Strategy[M]. Oxford:Oxford University Press.

[172] PALACIOS T, VIDAL G, 1992. Lower Cambrian acritarchs from northern Spain: the Precambrian-Cambrian boundary and biostratigraphic implications[J]. Geological Magazine,129:421-436.

[173] PEMBERTON S G, FREY R W, 1982. Trace fossil nomenclature and the Planolites-Palaeophycus dilemma[J]. Journal of Paleontology,56: 843-881.

[174] PEMBERTON S G, FREY R W, 1984. Quantitative methods in ichnology:spatial distribution among populations[J]. Lethaia,17(1): 33-49.

[175] PEMBERTON S G, MAGWOOD J P A,1990. A unique occurrence of Bergaueria in the Lower Cambrian Gog Group near Lake Louise, Alberta[J]. Journal of Paleontology,64(3):436-440.

[176] PEMBERTON S G, WIGHTMAN D M, 1992. Ichnological characteristics of brackish water deposits[J]. SEPM Core Workshop, 17:141-169.

[177] PEMBERTON S G, ZHOU Z C, MACEACHERN J, 2001. Modern

ecological interpretation of opportunistic (R-selected) and equilibrium (K-selected) trace fossils[J]. Acta Palaeontologica Sinica,40(1):134-142.

[178] PEMBERTON S G, GINGRAS M, 2005. Classification and characterizations of biogenically enhanced permeability[J]. AAPG Bulletin,89:1493-1517.

[179] PFLÜGER F, 1995. Morphodynamics, actualism, and sedimentary structures[J]. Neues Jahrbuch Für Geologie Und Paläontologie-Abhandlungen,195(1/2/3):75-83.

[180] PIANKA E R,1970. On r-and K-selection[J]. The American Naturalist,104(940):592-597.

[181] PICKERILL R K, 1992. Carboniferous nonmarine invertebrate ichnocoenoses from southern New Brunswick, eastern Canada[J]. Ichnos,2(1):21-35.

[182] POLLARE J E, GOLDRING R, BUCK S G, 1993. Ichnofabrics containing Ophinmorpha: significance in Shallow-water facies interpretation[J]. Journal of the Geological Society,150:149-164.

[183] PRATT B R,1984. Epiphyton and renalcis: diagenetic microfossils from calcification of coccoid blue-green algae [J]. SEPM Journal of Sedimentary Research,54(3):948-971.

[184] PRATT B R,1999. Gas bubble and expansion crack origin of molar-tooth calcite structures in the Middle Proterozoic belt supergroup, Western Montana-Discussion [J]. SEPM Journal of Sedimentary Research,69:1136-1140.

[185] QI Y A, ZENG G Y, HU B, et al, 2007. Trace fossil assemblages and their environmental significance from Hetaoyuan Formation of Palaeogene in Biyang depression of Henan Province [J]. Acta Palaeontologica Sinica,46(4):441-452.

[186] QI Y A,WANG M,ZHENG W,et al,2012. Calcite cements in burrows and their influence on reservoir property of the Donghe sandstone, Tarim Basin,China[J]. Journal of Earth Science,23(2):129-141.

[187] RASMUSSEN K A, MACINTYRE I G, PRUFERT L, 1993. Modern stromatolite reefs fringing a brackish coastline, Chetumal bay, Belize [J]. Geology,21(3):199-202.

[188] REINECK H E,1963. Sedimentgefuge im Bereich der sudlichen Nordsee [J]. Abhandlungen der senckenbergische naturforschende Gesellschaft,505:126-138.

[189] RETALLACK G K,2011. Comment on "Marine influence in the Upper Ordovician Juniata Formation (Potters Mills, Pennsylvania): implications for the history of life on land"[J]. Palalos,26:672-673.

[190] RHOADS D C,BOYER L F,1982. The effect of marine benthos on physical properties of sediments[M]//MCCALL P L,TEVESZ M J S. A successional perspective, in Animal-sediment Relations: the biogenic alteration of sediments. New York:Plenum press:3-52.

[191] RIDING R,1991. Classification of microbial carbonates[M]//Calcareous Algae and Stromatolites. New York:Springer-Verlag:21-51.

[192] RIDING R,ZHURAVLEV A,1995. Structure and diversity of oldest sponge-microbe reefs: lower Cambrian, Aldan River, Siberia [J]. Geology,23:649-652.

[193] RIDING R,LIANG L Y,2005. Geobiology of microbial carbonates: metazoan and seawater saturation state influences on secular trends during the Phanerozoic [J]. Palaeogeography, Palaeoclimatology, Palaeoecology,219(1/2):101-115.

[194] RODRÍGUEZ-TOVAR F J,UCHMAN A,MARTÍN-ALGARRA A,et al,2009. Nutrient spatial variation during intrabasinal upwelling at the Cenomanian-Turonian oceanic anoxic event in the westernmost Tethys:an ichnological and facies approach[J]. Sedimentary Geology,215(1/2/3/4):83-93.

[195] ROSENBERG R,RINGDAHL K,2005. Quantification of biogenic 3-D structures in marine sediments[J]. Journal of Experimental Marine Biology and Ecology,326(1):67-76.

[196] ROWLAND S,GANGLOFF R A,1988. Structure and paleoecology of lower Cambrian reefs[J]. Palalos,3:111-135.

[197] RUNNEGAR B,POJETA J,MORRIS N J,et al,1975. Biology of the Hyolitha[J]. Lethaia,8(2):181-191.

[198] RUNNEGAR B,BENTLEY C,1983. Anatomy,ecology and affinities of the Australian early Cambrian bivalve pojetaia runnegari jell[J]. Journal of Paleontology,57:73-92.

[199] RUNNEGAR B,1992. Oxygen and the early evolution of the Metazoa [M]//BRYANT, C. Metazoan Life Without Oxygen. London: Chapman and Hall:65-87.

[200] SAVARESE M,1992. Functional analysis of archaeocyathan skeletal morphology and its paleobiological implications[J]. Paleobiology, 18 (4):464-480.

[201] SAVRDA C E, BOTTJER D J, 1987. Trace fossils as indicators of ottom-water redox conditions in ancient marine environments[J]. Ociety of Economic Palaeontologists and Mineralogists,52:3-26.

[202] SCHIEBER J,2003. Simple gifts and buried treasures: implications of finding bioturbation and erosion surfaces in black shales[J]. The Sedimentary Record,1(2):4-8.

[203] SCOTT J J, RENAUT R W, BUATOIS L A, et al, 2009. Biogenic structures in exhumed surfaces around saline lakes: an example from Lake Bogoria, Kenya Rift Valley [J]. Palaeogeography, Palaeoclimatology,Palaeoecology,272(3/4):176-198.

[204] SEIKE K, 2007. Palaeoenvironmental and palaeogeographical implications of modern Macaronichnus segregatis-like traces in foreshore sediments on the Pacific coast of central Japan[J]. Palaeogeography, Palaeoclimatology, Palaeoecology, 252 (3/4): 497-502.

[205] SEIKE K,2008. Burrowing behaviour inferred from feeding traces of the opheliid polychaete Euzonus sp. as response to beach morphodynamics [J]. Marine Biology,153(6):1199-1206.

[206] SEIKE K,2009. Influence of beach morphodynamics on the distributions of the opheliid polychaete euzonus sp. and its feeding burrows on a sandy beach: paleoecological and paleoenvironmental implications for the trace fossil macaronichnus segregatis[J]. Palalos,24(12):799-808.

[207] SEIKE K, YANAGISHIMA S I, NARA M, et al, 2011. Large Macaronichnus in modern shoreface sediments: identification of the producer,the mode of formation, and paleoenvironmental implications [J]. Palaeogeography, Palaeoclimatology, Palaeoecology, 311 (3/4): 224-229.

[208] SEILACHER A,1964. Sedimentological classification and nomenclature

of trace fossils[J]. Sedimentology,3:253-256.

[209] SEILACHER A, 1985. Trilobite paleobiology and substrate relationships[J]. Transactions of the Royal Society of Edinburgh: Earth Sciences,76:231-237.

[210] SEILACHER A,1990. Aberrations in bivalve evolution related to photo- and chemosymbiosis[J]. Historical Biology,3(4):289-311.

[211] SEILACHER A, 1992. Vendobionta and Psammocorallia: lost constructions of Precambrian evolution[J]. Journal of the Geological Society,149(4):607-613.

[212] SEILACHER A, PFLÜGER F, 1994. From biomats to benthic agriculture: a biohistoric revolution [M]//KRUMBEIN W E, PETERSON D M, STAL L J. Biostabilization of Sediments. [S. l. :s. n.]: 97-105.

[213] SEILACHER A,1999. Biomat-related lifestyles in the Precambrian[J]. Palalos,14(1):86-93.

[214] SEILACHER A,GRAZHDANKIN D,LEGOUTA A,2003. Ediacaran biota: the dawn of animal life in the shadow of giant protists[J]. Paleontological Research,7(1):43-54.

[215] SEILACHER A, 2005a. Silurian trace fossils from Africa and South America mapping a trans-Gondwanan seaway[J]. Neues Jahrbuch Für Geologie Und Paläontologie-Monatshefte,(3):129-141.

[216] SEILACHER A, BUATOIS L A, MÁNGANO M G, 2005b. Trace fossils in the Ediacaran-Cambrian transition: Behavioral diversification, ecological turnover and environmental shift [J]. Palaeogeography,Palaeoclimatology,Palaeoecology,227(4):323-356.

[217] SEILACHER A,2008. Biomats, biofilms, and bioglue as preservational agents for arthropod trackways [J]. Palaeogeography, Palaeoclimatology,Palaeoecology,270(3/4):252-257.

[218] SEPKOSKI J J J, BAMBACH R K, DROSER M L, 1991. Secular changes in Phanerozoic event bedding and the biological overprint [M]//EINSELE G,RICHEN W,SEILACHER A. Cycles and Events in Stratigraphy. Berlin:Springer:298-312.

[219] SHANLEY K,MCCABE P,HETTINGER R D,1992. Tidal influence in Cretaceous fluvial strata from Utah, USA: a key to sequence

stratigraphic interpretation[J]. Sedimentology,39:905-930.

[220] SHARMA N S,2014. Continuity and evolution of animals[M]. [S. l.]: International Scientific Publishing Academy.

[221] SMITH A B,CRIMES T P,2007. Trace fossils formed by heart urchins-a study of Scolicia and related traces[J]. Lethaia,16(1):79-92.

[222] SPILA M V,2006. Application of ichnology in the paleoenvironmental reconstruction and reservoir characterization of the Avalon and Ben Nevis Formation, Hibernia Field, Jeanne d'Arc Basin, Grand Banks of Newfoundland[D]. [S. l.]:University of Alberta.

[223] SPRINKLE, 1992. Radiation of Echinodermata [M]//LIPPS J H, SIGNOR P W. Origin and Early Evolution of the Metazoa. New York: Plenum Press:375-398.

[224] STILING P,1999. Life history variation[M]//Ecology theories and applications. 3rd ed. [S. l. ;s. n.]:141-146.

[225] SZANIAWSKI H,1982. Chaetognath grasping spines recognized among Cambrian protoconodonts[J]. Journal of Paleontology,56:806-810.

[226] TAYLOR A M, GOLDRING R, 1993. Description and analysis of bioturbation and ichnofabric[J]. Journal of the Geological Society, 150:141-148.

[227] TAYLOR A, GOLDRING R, GOWLAND S, 2003. Analysis and application of ichnofabrics [J]. Earth-Science Reviews, 60 (3/4): 227-259.

[228] TCHOUMATCHENCO P, UCHMAN A, 2001. The oldest deep-sea Ophiomorpha and Scolicia and associated trace fossils from the Upper Jurassic-Lower Cretaceous deep-water turbidite deposits of SW Bulgaria[J]. Palaeogeography, Palaeoclimatology, Palaeoecology, 169 (1/2):85-99.

[229] TEAL J,1986. Tidal flat ecology. an experimental approach to species interactions. ecological studies: analysis and synthesis, volume 54. Karsten reise, W. D. Billings[J]. The Quarterly Review of Biology,61: 291-299.

[230] THOMASON J R, VOORHIES M R, 1990. Grasslands and grazers [M]//BRIGGS D E G,CROWTHER P R. Palaeobiology,a Synthesis. Oxford:Blackwell Scientific Publications:84-87.

[231] UCHMAN A, 1995. Taxonomy and palaeoecology of flysch trace fossils: the Marnoso-arenacea Formation and associated facies (Miocene, Northern Apennines, Italy)[J]. Beringeria, 15: 102-115.

[232] UCHMAN A, ÁLVARO J J, 2000. Non-marine invertebrate trace fossils from the Tertiary Calatayud-Teruel Basin, NE Spain [J]. Revista Española de Paleontología, 15: 203-218.

[233] UCHMAN A, BĄK K, RODRÍGUEZ-TOVAR F J, 2008. Ichnological record of deep-sea palaeoenvironmental changes around the Oceanic Anoxic Event 2 (Cenomanian-Turonian boundary): an example from the Barnasiówka section, Polish Outer Carpathians [J]. Palaeogeography, Palaeoclimatology, Palaeoecology, 262(1/2): 61-71.

[234] UCHMAN A, PERVESLER P, 2006. Surface lebensspuren produced by amphipods and isopods (crustaceans) from the Isonzo delta tidal flat, Italy[J]. Palalos, 21(4): 384-390.

[235] URBANEK, ROZANOV, 1993. Upper Precambrian and Cambrian Stratigraphy of the East European Platform. [M]. New York: Publishing House Wydawnictwa Geologizne.

[236] VALENTINE J W, 1995. Late Precambrian bilaterians: grades and clades[M]//FITCH W M, AYALA F J. Tempo and Mode in Evolution: genetics and paleontology 50 years after simpson. Washington D C: National Academy Press: 87-107.

[237] VANNIER J, CALANDRA I, GAILLARD C, et al, 2010. Priapulid worms: pioneer horizontal burrowers at the Precambrian-Cambrian boundary[J]. Geology, 38(8): 711-714.

[238] VÉDRINE S, STRASSER A, HUG W, 2007. Oncoid growth and distribution controlled by sea-level fluctuations and climate (Late Oxfordian, Swiss Jura Mountains)[J]. Facies, 53(4): 535-552.

[239] VERMEIJ G J, 1989. The origin of skeletons[J]. Palalos, 4(6): 585-589.

[240] VIRTASALO J J, BONSDORFF E, MOROS M, et al, 2011. Ichnological trends along an open-water transect across a large marginal-marine epicontinental basin, the modern Baltic Sea[J]. Sedimentary Geology, 241(1/2/3/4): 40-51.

[241] VOSSLER S M, PEMBERTON S G, 1988. Skolithos in the Upper Cretaceous Cardium Formation: an ichnofossil example of

opportunistic ecology[J]. Lethaia,21(4):351-362.

[242] WALKER K R, BAMBACH R K, 1974. Feeding by benthic invertebrates: classification and terminology for paleoecological analysis[J]. Lethaia,7(1):67-78.

[243] WAN Y S,LIU D Y,SONG B,et al,2005. Geochemical and Nd isotopic compositions of 3.8 Ga meta-quartz dioritic and trondhjemitic rocks from the Anshan area and their geological significance[J]. Journal of Asian Earth Sciences,24(5):563-575.

[244] WANG L G,QIU Y M,MCNAUGHTON N J,et al,1998. Constraints on crustal evolution and gold metallogeny in the Northwestern Jiaodong Peninsula, China, from SHRIMP U-Pb zircon studies of granitoids[J]. Ore Geology Reviews,13(1/2/3/4/5):275-291.

[245] WEBER B,STEINER M,ZHU M Y,2007. Precambrian-Cambrian trace fossils from the Yangtze Platform (South China) and the early evolution of bilaterian lifestyles [J]. Palaeogeography, Palaeoclimatology,Palaeoecology,254(1/2):328-349.

[246] WETZEL A, AIGNER T, 1986. Stratigraphic completeness: tiered trace fossils provide a measuring stick[J]. Geology,14(3):234-237.

[247] WETZEL A, UCHMAN A, 2001. Sequential colonization of muddy turbidites in the Eocene beloveža formation, carpathians, Poland[J]. Palaeogeography, Palaeoclimatology, Palaeoecology, 168 (1/2): 171-186.

[248] WHALEN M T,DAY J,EBERLI G P,et al,2002. Microbial carbonates as indicators of environmental change and biotic crises in carbonate systems:examples from the Late Devonian,Alberta Basin,Canada[J]. Palaeogeography, Palaeoclimatology, Palaeoecology, 181 (1/2/3): 127-151.

[249] WHITTINGTON H B, 1992. Fossils illustrated: volume 2 trilobites [M]. Woodbridge,UK: The Boydell Press.

[250] WIGNALL P B, TWITCHETT R J, 1999. Unusual intraclastic limestones in Lower Triassic carbonates and their bearing on the aftermath of the end-Permian mass extinction[J]. Sedimentology,46(2):303-316.

[251] WITTS D,HALL R,NICHOLS G,et al,2012. A new depositional and

provenance model for the Tanjung Formation, Barito Basin, SE Kalimantan,Indonesia[J]. Journal of Asian Earth Sciences,56:77-104.

[252] WOOD R, ZHURAVLEV A Y, DEBRENNE F, 1992. Functional biology and ecology of archaeocyatha[J]. Palalos,7(2):131-156.

[253] WOOD R, ZHURAVLEV A Y, ANAAZ C T, 1993. The ecology of Lower Cambrian buildups from Zuune Arts,Mongolia:implications for early metazoan reef evolution[J]. Sedimentology,40(5):829-858.

[254] WU F Y, ZHANG Y B, YANG J H, et al, 2008. Zircon U-Pb and Hf isotopic constraints on the Early Archean crustal evolution in Anshan of the North China Craton[J]. Precambrian Research, 167 (3/4): 339-362.

[255] YEUN AHN S, BABCOCK L E, 2012. Microorganism-mediated preservation of Planolites, a common trace fossil from the Harkless Formation,Cambrian of Nevada, USA[J]. Sedimentary Geology,263/264:30-35.

[256] YOCHELSON E L, FEDONKIN M A, 1993. Paleobiology of Climactichnites, an Enigmatic Late Cambrian Fossil[J]. Smithsonian Contributions to Paleobiology,74:61-74.

[257] ZAJAC R N,1986. The effects of intra-specific density and food supply on growth and reproduction in an infaunal polychaete, Polydora ligni Webster[J]. Journal of Marine Research,44(2):339-359.

[258] ZHAI M G,BIAN A G,2004. Amalgamation of the supercontinental of the North China Craton and its break up during late-middle Proterozoic[J]. Science in China (Series D),43:219-232.

[259] ZHAO G C, WILDE S, CAWOOD P, et al, 1999. Thermal evolution of two textural types of mafic granulites in the North China Craton: evidence for both mantle plume and collisional tectonics[J]. Geological Magazine,136:223-240.

[260] ZHAO F C, HU S X, CARON J B, et al, 2012. Spatial variation in the diversity and composition of the Lower Cambrian(Series 2, Stage 3) Chengjiang Biota, Southwest China [J]. Palaeogeography, Palaeoclimatology,Palaeoecology,346/347:54-65.

[261] ZHENG J P,GRIFFIN W L,O'REILLY S Y, et al,2004. 3.6 Ga lower crust in central China: new evidence on the assembly of the North

China Craton[J]. Geology,32(3):229-232.
[262] ZHURAVLEV,WOOD,1995. Lower Cambrian cryptic communities[J]. Palaeontology,38(2):443-470.
[263] 勃朗姆利,2000.遗迹化石:生物学、埋藏学及其应用[M].张建平,译.北京:石油工业出版社.
[264] 初庆春,1988.河北抚宁柳江盆地中寒武统徐庄组遗迹化石及沉积环境[J].北京大学学报(自然科学版),24(2):220-234.
[265] 党皓文,2009,刘建波,袁鑫鹏.湖北兴山中寒武统覃家庙群微生物岩及其古环境意义[J].北京大学学报(自然科学版),45(2):289-298.
[266] 冯增昭,彭勇民,金振奎,等,2004.中国寒武纪和奥陶纪岩相古地理[M].北京:石油工业出版社.
[267] 巩恩普,韩书和,关广岳,1995.河北柳江盆地中晚寒武世藻类丘礁的演化[J].沉积学报,13(1):75-81.
[268] 胡斌,芦旭辉,宋慧波,2015.豫西登封地区下三叠统中的遗迹化石及其沉积环境[J].地层学杂志,39(4):454-465.
[269] 胡斌,艾航,宋慧波,2016.豫西地区太原组遗迹化石与古环境变化的响应[J].河南理工大学学报(自然科学版),35(5):630-636.
[270] 纪友亮,赵澂林,刘孟慧,1990.生物扰动构造对碎屑岩储层储集性能的影响[J].石油大学学报(自然科学版),1990(6):1-8.
[271] 江茂生,沙庆安,1996.苏鲁地区中寒武统张夏组藻灰岩及沉积相[J].岩相古地理,1996(5):12-17.
[272] 晋慧娟,李育慈,1999.古代深海遗迹化石群落在沉积学中的应用[J].科学通报,44(2):123-130.
[273] 李大庆,1990.云南梅树村震旦系—寒武系边界层水平状遗迹化石形态功能分析和环境意义[J].矿物岩石,10(4):29-35.
[274] 刘宝珺,1980.沉积岩石学[M].北京:地质出版社.
[275] 罗惠麟,张世山,1986.云南晋宁、安宁地区早寒武世蠕形动物及遗迹化石[J].古生物学报,25(3):307-311.
[276] 梅冥相,马永生,梅仕龙,等,1997.华北寒武系层序地层格架及碳酸盐台地演化[J].现代地质,11(3):275-282.
[277] 孟祥化,乔秀夫,葛铭,1986.华北古浅海碳酸盐风暴沉积和丁家滩相序模式[J].沉积学报,4(2):1-18.
[278] 裴放,张海清,阎国顺,等,2008.河南省地层古生物研究:第三分册 早古生代(华北型)[M].郑州:黄河水利出版社.

[279] 彭玉鲸,1994.Phycodes 等遗迹化石在吉林南部早寒武世地层中发现的意义[J].吉林地质,13(1):24-30.

[280] 齐永安,1998.生物扰动构造与塔中东河砂岩储集性能的关系[J].石油与天然气地质,19(4):318-320.

[281] 齐永安,吴贤涛,张国成,1999.北京昌平青白口系痕迹化石[J].古生物学报,38(4):517-522.

[282] 齐永安,胡斌,2001.塔里木盆地下志留统遗迹组构及其环境解释[J].古生物学报,40(1):116-126.

[283] 齐永安,李凯琦,2003.塔里木盆地晚泥盆世东河塘组河口湾相遗迹化石[J].古生物学报,42(2):277-283.

[284] 齐永安,王敏,2007a.遗迹组构研究现状及进展[J].河南理工大学学报(自然科学版),26(5):509-515.

[285] 齐永安,曾光艳,胡斌,等,2007b.河南泌阳凹陷古近纪核桃园组遗迹化石组合及其环境意义:兼论深水湖泊遗迹相特征[J].古生物学报,46(4):441-452.

[286] 齐永安,胡斌,张国成,等,2008.第9届国际遗迹组构专题研讨会综述[J].古地理学报,10(3):305-311.

[287] 邱振,段先乐,潘志龙,等,2007.太行山长城系赵家庄组遗迹化石[J].沉积与特提斯地质,27(1):76-78.

[288] 宋慧波,胡斌,王德有,等,2008.河南西峡盆地上白垩统高沟组沉积特征与沉积环境[J].石油地质与工程,22(4):1-3.

[289] 孙淑芬,朱士兴,黄学光,2006.天津蓟县中元古界高于庄组宏观化石的发现及其地质意义[J].古生物学报,45(2):207-220.

[290] 王观忠,胡斌,1993.痕迹组构的概念、型式与分析[J].地质科技情报,12(2):47-54.

[291] 王尚彦,杨家騄,1998.凤凰县山江镇上寒武统比条组中遗迹化石的发现及意义[J].湖南地质,17(4):237-240.

[292] 王约,沈建伟,周志澄,1997.黔南独山下、中泥盆统遗迹相与层序地层学研究[J].微体古生物学报,14(2):203-213.

[293] 王约,赵元龙,林日白,等,2004.贵州台江凯里生物群中遗迹化石(Gordia)与水母状化石(Pararotadiscus)的关系及其意义[J].地质论评,50(2):113-119.

[294] 王约,张海军,杨晓刚,等,2006a.贵州丹寨南皋地区中寒武统甲劳组的遗迹化石[J].地质通报,25(4):475-481.

[295] 王约,王平丽,2006b.贵州台江凯里组的遗迹化石 Treptichnus[J].地质论评,52(1):1-10.

[296] 王约,徐一帆,2007.贵州瓮安埃迪卡拉系陡山沱组上段底部和下段的遗迹化石[J].现代地质,21(3):469-478.

[297] 吴贤涛,胡斌,王观忠,等,1987.豫西焦作地区上石炭统浅海碳酸盐岩中的风暴沉积[J].沉积学报,5(4):1-13.

[298] 吴义布,冯启,龚一鸣,2013.菌藻类繁盛是泥盆纪珊瑚-层孔虫礁生态系消失的生物杀手[J].中国科学:地球科学,43(7):1156-1167.

[299] 解东宁,何明喜,周立发,等,2006.东秦岭-大别造山带北缘逆冲推覆构造特征及油气前景[J].石油与天然气地质,27(1):48-55.

[300] 徐义刚,李洪颜,庞崇进,等,2009.论华北克拉通破坏的时限[J].科学通报,54(14):1974-1989.

[301] 阎国顺,1990.河南省早寒武世遗迹化石的发现及其意义[J].河南地质,1990(4):35-37.

[302] 阎国顺,张恩惠,王德有,1993.河南省(华北型)早寒武世沉积环境演化及其痕迹化石组合[J].岩相古地理,13(3):18-32.

[303] 杨进辉,吴福元,2009.华北东部三叠纪岩浆作用与克拉通破坏[J].中国科学(D辑:地球科学),39(7):910-921.

[304] 杨群慧,周怀阳,季福武,等,2008.海底生物扰动作用及其对沉积过程和记录的影响[J].地球科学进展,23(9):932-941.

[305] 杨瑞东,赵元龙,1999.贵州台江早、中寒武世凯里组的遗迹化石新发现[J].古生物学报,38(增刊):58-65.

[306] 杨式溥,1982.遗迹化石及其对区域地质调查的意义[J].中国区域地质,1(2):31-41.

[307] 杨式溥,1984.遗迹化石及其对古环境分析的意义[J].沉积学报,2(4):8-18.

[308] 杨式溥,1989.广州花县晚泥盆世和早石炭世遗迹化石[J].地球科学,14(6):573-580.

[309] 杨式溥,1990.古遗迹学[M].北京:地质出版社.

[310] 杨式溥,王勋昌,1991.华北地台南部中寒武世徐庄组遗迹化石及其沉积环境[J].古生物学报,30(1):74-89.

[311] 杨式溥,1994.贵州台江早、中寒武世凯里组的遗迹化石[J].古生物学报,33(3):350-358.

[312] 杨式溥,陈战杰,1996.河南登封中寒武世徐庄组遗迹化石及其沉积环境

[J]. 中国区域地质,1996(2):143-149.
[313] 杨式溥,张建平,杨美芳,2004. 中国遗迹化石[M]. 北京:科学出版社.
[314] 殷继成,李大庆,何廷贵,1993. 滇东震旦系—寒武系界线层遗迹化石新发现及对比意义[J]. 地质学报,67(2):146-158.
[315] 张国成,郭卫星,曾玉凤,2004. 河南西峡盆地上白垩统河流及湖泊沉积中的遗迹组构[J]. 古地理学报,6(4):434-441.
[316] 张海清,李进化,2008. 河南省地层古生物研究 第四分册 晚古生代(华北型)[M]. 郑州:黄河水利出版社.
[317] 张立军,龚一鸣,2009. 四川后高坪地区晚泥盆世植物和遗迹化石的新发现[J]. 地层学杂志,33(2):138-146.